VDE-Schriftenreihe   26

Elektrische Ausrüstung von Industriemaschinen

Erläuterungen zu DIN VDE 0113 Teil 1/02.86

Dipl.-Ing. Johann Böhm
Dipl.-Ing. Paul Heyder
Dipl.-Ing. Matthias Koenigs

D1662771

1987

vde-verlag gmbh · Berlin · Offenbach

Redaktion: Erhard Sonnenfeld

CIP-Kurztitelaufnahme der Deutschen Bibliothek

Böhm, Johann:
Elektrische Ausrüstung von Industriemaschinen :
Erl. zu DIN VDE 0113 Teil 1 02.86 /
Johann Böhm ; Paul Heyder ; Matthias Koenigs. –
Berlin ; Offenbach : vde-verlag, 1987.
  (VDE-Schriftenreihe ; 26)
  ISBN 3-8007-1432-9

NE: Heyder, Paul:; Koenigs, Matthias:;
Verband Deutscher Elektrotechniker:
VDE-Schriftenreihe

ISSN 0506-6719
ISBN 3-8007-1432-9

© 1987 vde-verlag gmbh, Berlin und Offenbach
    Bismarckstraße 33, D-1000 Berlin 12

Druck: Franz Spiegel Buch GmbH, Ulm

8710

Vorwort

Die Vorläufer der Norm DIN VDE 0113 Teil 1/02.86, EN 60 204 Teil 1, wurden dem jeweiligen Stand der Elektrotechnik, vorwiegend im nationalen Bereich, angepaßt. Sie befaßten sich mit der elektrischen Ausrüstung von Be- und Verarbeitungsmaschinen bestimmter Arbeits- und Fertigungsprozesse. Der direkte Vorläufer der jetzt gültigen Norm, DIN 57 113/VDE 0113/12.73, berücksichtigte bereits die Entwicklung von teil- und vollautomatischen Maschinen sowie verketteten Maschinenstraßen und Fertigungssystemen mit elektronischen Steuerungs-, Regeleinrichtungen und Programmiersystemen.

Die weltweite wirtschaftliche Verflechtung und die Verständigung unter Fachleuten erfordern eine Koordinierung der nationalen Normen und Standards. Als Ergebnis internationaler Beratungen in IEC (International Electrical Commission) entstanden unter Mitwirkung der deutschen Delegierten die Publikationen:

IEC 204-1 (Ausgabe 1965) »Elektrische Ausrüstung von Werkzeugmaschinen für allgemeine Verwendung«

IEC 204-2 (Ausgabe 1967) »Elektrische Ausrüstung von Werkzeugmaschinen, die in größeren Produktionsstraßen eingesetzt werden«.

Sie wurden nach den Statuten der IEC den Mitgliedsländern zur Einführung in die nationalen Normen empfohlen.

In der Norm DIN 57 113/VDE 0113/12.73 wurden die IEC-Standards weitgehend berücksichtigt, jedoch die Beschränkung des Geltungsbereiches auf Werkzeugmaschinen nicht übernommen. Die in den früheren Ausgaben von VDE 0113 vorgegebenen Sicherheitsbestimmungen wurden erweitert und auf den neuesten Stand gebracht.

Zur Anpassung an den Stand der Technik folgte nach weiteren Arbeitssitzungen die IEC-Publikation:

IEC 204-1 (Ausgabe 1981) »Elektrische Ausrüstung von Industriemaschinen Teil 1, Allgemeine Anforderungen«.

Auf dieser Arbeitsgrundlage wurde bei CENELEC (Europäisches Komitee für elektrotechnische Normung) der Beschluß zur Herausgabe der europäischen Norm EN 60 204 Teil 1, Ausgabe 1985, gefaßt, die mit der nationalen Norm identisch ist.

Der deutschen Ausgabe der EN-Fassung – DIN VDE 0113 Teil 1/02.86 – wurde ein »Nationales Vorwort« angefügt.

Die Änderungen der vorliegenden, jetzt gültigen Norm gegenüber der Vorläuferfassung vom Dezember 1973 beruhen auf der Harmonisierungsverpflichtung der Mitgliedsländer der Europäischen Gemeinschaft, Handelshemmnisse, z. B. durch unterschiedliche technische Vorschriften und Normen, abzubauen und die Sicherheitsbestimmungen aneinander anzugleichen. Mit diesen Erläuterungen sollen den Herstellern, Betreibern und technischen Institutionen Hinweise gegeben werden für die praktische Umsetzung der Anforderungen. Sie dienen dazu, mit Hilfe von Beispielen die Erreichung der Schutzziele verständlich darzustellen, die aufgrund von Anfragen, Anregungen aus der Fachöffentlichkeit an das Komitee 225 und die Verfasser herangetragen wurden.

Die Erläuterungen sind kein Ersatz für den Normtext. Sie sollen als Erklärung und Interpretation der Normanforderungen das Verständnis nach objektiver Betrachtungsweise erleichtern. Der Inhalt dieser Erläuterungen wurde von den Verfassern mit den Mitgliedern des DKE-Komitees 225 abgestimmt. Sie danken den Mitgliedern des Komitees, den Fachkollegen und den Firmen für die Unterstützung durch Anregungen, Vorschläge und Beiträge zur Gestaltung dieses Buches.

Anregungen, die sich aus dem Umgang mit diesen Erläuterungen und der Anwendung der Norm DIN VDE 0113/02.86 ergeben, werden gerne entgegengenommen.

J. Böhm   *P. Heyder*   *M. Koenigs*

Inhalt

Hinweis:
Die DIN-VDE-Normen bzw. die DIN-Normen sind wiedergegeben mit Erlaub-
nis des DIN Deutsches Institut für Normung e.V. und des Verbandes Deutscher Elektrotechniker (VDE) e.V. Maßgebend für das Anwenden der Normen
ist deren Fassung mit dem neuesten Ausgabedatum, die bei der Beuth Verlag
GmbH, Burggrafenstraße 6, 1000 Berlin 30, und beim vde-verlag gmbh, Bismarckstraße 33, 1000 Berlin 12 bzw. Merianstraße 29, 6050 Offenbach/Main
erhältlich sind.

Zu 1   Allgemeines

Zu   Vorbemerkung

Aufgrund der Beratungen in der IEC wurde die Publikation IEC 44(CO)48 als Entwurf veröffentlicht. Der deutschen Fachwelt wurde diese Publikation als Entwurf DIN IEC 44(CO)48/VDE 0113/02.80 zur Prüfung und Stellungnahme vorgelegt. Die Bearbeitung der Änderungsvorschläge und Stellungnahmen führte zur Herausgabe der Publikation IEC 204-1 (1981). Sie wurde von einer CENELEC-Arbeitsgruppe überarbeitet, um den europäischen Belangen Rechnung zu tragen. Soweit wie möglich wurden die unterschiedlichen nationalen Vorschriften und Normen berücksichtigt. Die im nationalen Einspruchsverfahren eingegangenen Vorschläge fanden nur teilweise Eingang in die EN-Fassung, wie auch die Vorschläge der anderen Mitgliedsländer. Bei der 1985 begonnenen Überarbeitung der IEC 204-1 (1981) wurden von den deutschen Delegierten die Vorschläge zur Ergänzung und Änderung einiger Bestimmungen dieser Publikation eingebracht.

Die deutsche Ausgabe der Europäischen Norm EN 60 204-1 ist als DIN VDE 0113 Teil 1/02.86 in das deutsche Normenwerk und das VDE-Vorschriftenwerk übernommen worden. Die CENELEC-(EG und EFTA-)Mitgliedsländer haben vereinbart, die EN-Normen in die nationalen Normenwerke zu übernehmen. Die Länder der Europäischen Gemeinschaft (EG) sind verpflichtet, die EN-Normen inhalt- und wortgleich zu übernehmen. Aus diesem Grund ergeben sich Änderungen hinsichtlich der Gliederung, des fachlichen Sprachgebrauches und der bisher üblichen Begriffe im nationalen Normenwerk. Soweit notwendig, wird in diesen Erläuterungen hierauf hingewiesen, wie auch auf die Änderungen gegenüber der Norm DIN VDE 0113/12.73. Um die Änderungen in der EN 60 204-1 gegenüber den IEC-Texten drucktechnisch herauszuheben, sind diese durch Randbalken bezeichnet. Der Originaltext der IEC-Fassung ist als »INFORMATION« eingefügt.

Der Titel der Norm hat sich gegenüber der vorhergehenden Ausgabe geändert. Mit der Aussage in Abschnitt 1.1 zum Anwendungsbereich »Kraftbetriebene Arbeitsmaschinen für Industrie und Gewerbe« werden mögliche Mißverständnisse ausgeräumt, die durch den Titel entstehen könnten. Im englischen und französischen Sprachgebrauch umfaßt der Begriff »Industrie« auch den gewerblichen Bereich. Soll das Gewerbe, z. B. Handwerksbetrieb, besonders hervorgehoben werden, bezeichnet man in der englischen Sprache diesen Bereich mit »small industries«.

Der Geltungsbeginn dieser Norm ist mit Datum 1. Februar 1986 festgelegt, d. h., für Planung und Errichtung neuer Maschinen ist dieses Datum verbindlich. Für im Bau befindliche Maschinen bzw. für das Errichten der elektrischen

Ausrüstung konnte eine Übergangsfrist bis 31. Januar 1987 in Anspruch genommen werden.
Eine Anpassung in Betrieb befindlicher Maschinen, deren elektrische Ausrüstung nach den bisher geltenden Normen ausgeführt wurde, ist nicht erforderlich. Bei umfangreichen Änderungen der elektrischen Ausrüstung, insbesondere der sicherheitsrelevanten Bereiche, kann im Einzelfall eine Anpassung an die geltende Norm gefordert werden.
Die Anhänge A, B, C, F haben den Status von verbindlichen Anforderungen.
Die Anhänge D, E, G haben informatorischen Charakter.
Die im Text dieser Erläuterungen mit Bezifferung angezogenen Vorschriften, Normen und Regeln der Technik sind in einem Anhang mit vollständigem Titel aufgeführt.
Mit den Erläuterungen werden praxisbezogene Anwendungshilfen gegeben, soweit aus dem Text die Umsetzung der Anforderungen für die Fachleute schwer oder nicht erkennbar ist oder bei Abweichungen von den »normalen« Anforderungen Erklärungen (Hinweise) für die ordnungsgemäße Ausführung der elektrischen Maschinenausrüstung erforderlich erscheinen.

Zu 1.1   Anwendungsbereich

Die Bestimmungen der Norm DIN VDE 0113 Teil 1/02.86 beziehen sich auf die ordnungsgemäße und sicherheitsgerechte Ausführung der elektrischen Ausrüstung von kraftbetriebenen Arbeitsmaschinen, die in Industrie und Gewerbe eingesetzt werden. Sie enthalten keine Anforderungen für andere Ausrüstungsteile, die dem Schutz vor Gefahren dienen, z. B. durch hydraulische, pneumatische, mechanische Einrichtungen. Für diese gelten einschlägige Vorschriften und Normen, z. B. DIN 31 001, Teil 1, VDI 3229, VDI 3230 [6.1] (siehe Anhang).
Die Norm gilt nicht für Maschinen, die während des Betreibens bzw. der Benutzung in der Hand gehalten werden bzw. in der Hand gehalten werden können, z. B. Handbohrmaschinen, Handschleifgeräte, Handkreissägen. Für diese gelten andere Normen, z. B. DIN VDE 0740 »Handgeführte Elektrowerkzeuge«.
DIN VDE 0113 Teil 1 gilt jedoch für »Tragbare Maschinen«, die bisher als ortsveränderliche Maschinen bezeichnet wurden; das sind solche Maschinen, die von Hand oder mit Einrichtungen transportiert werden, jedoch zum Be- und Verarbeiten auf Bau-, Montagestellen, Lagerplätzen, in Werkstätten vorübergehend stationär aufgestellt und betrieben werden. Beispiele hierfür sind Sägemaschinen, Schleifmaschinen, Scheren, Abkantmaschinen, Rohrgewindeschneidmaschinen, Blechbiegemaschinen, Hochdruckreiniger, Rüttler.
Der sachliche Geltungsbereich der vorliegenden Norm erstreckt sich nur noch auf den Spannungsbereich bis 1000 V Wechselspannung zwischen den Außenleitern und auf den Frequenzbereich bis 200 Hz, im Gegensatz zur bisherigen Norm VDE 0113/12.73. Bei Anwendung von Frequenzen über 200 Hz

oder Gleichspannungen bis 1500 V können die Bestimmungen dieser Norm angewendet werden, wenn die besonderen zusätzlichen physikalisch-technischen Erfordernisse beachtet werden.

Die Festlegungen für die Spannungs- und Frequenzgrenzen beziehen sich auf die Netzeinspeisung für die elektrische Ausrüstung von Maschinen, nicht auf die innerhalb der Maschine erzeugten Spannungen und Frequenzen.

Für die elektronischen Ausrüstungsteile sind, sofern diese Norm keine konkreten Aussagen enthält, die für die Maschinenausrüstung zutreffenden Bestimmungen der DIN VDE 0160/1.86 »Ausrüstung von Starkstromanlagen mit elektronischen Betriebsmitteln« anzuwenden. Da dieser Norm keine IEC-Publikation gegenübersteht, ist sie auf den nationalen Bereich beschränkt.

[Maschinenbezogener Anwendungsbereich]
Die Auflistung der Maschinen, die der Norm DIN VDE 0113 Teil 1/02.86 unterliegen, bezieht sich auf die Be- und Verarbeitung, die Umformung von Werkstücken und auf Maschinen innerhalb eines Fertigungssystems, die Werkstücke oder Werkstoffe vom Rohzustand in den Fertigzustand umwandeln. Während die bisher gültige Norm Beispiele zu den einzelnen Maschinengattungen aufführte, fehlen diese in der vorliegenden Norm. Um dem Maschinenhersteller, Betreiber, Planer, Errichter usw. Orientierungshilfe zu geben, werden zu den global aufgelisteten Maschinen Beispiele genannt:
- Maschinen zum Be- und Verarbeiten von Metall;
  z. B. Werkzeugmaschinen für die spanende und spanlose Formung von Metallen, Wuchtmaschinen, Maschinen für die Oberflächenbehandlung von Metallen, Schleif-und Poliermaschinen, Gießereimaschinen, Härtereimaschinen, Drahtbe- und verarbeitungsmaschinen, Schmiedemaschinen, Walz- und Biegemaschinen, Maschinen für die Fahrzeuginstandhaltung, Fahrzeugprüfmaschinen, Maschinen für die Bestückung von Leiterplatten, Krimpmaschinen;
- zum Be- und Verarbeiten von Holz;
  z. B. Holzbearbeitungsmaschinen zum Spanen und Teilen, Umformen, Zusammenfügen, Auftragen haftender Schichten, Maschinen zur Herstellung von Spanplatten und Sperrholz;
- zum Be- und Verarbeiten von Kunststoffen;
  z. B. Mischer, Mühlen, Kalander, Walzmaschinen, Warmformmaschinen, Schneidemaschinen, Pressen, Kunststoff-Schweißmaschinen, Trocknungseinrichtungen, Wellmaschinen, Beschichtungsmaschinen, Maschinen zur Herstellung von Leiterplatten;
- zum Herstellen von Erzeugnissen aus Kunststoff;
  z. B. Maschinen für die Verarbeitung von Kunstfasern, Faserspritzmaschinen, Schäummaschinen, Kunststoff-Spritzgießmaschinen, Extruder, Granulatoren, Sintermaschinen, Blasformmaschinen;
- für die Textil- und Bekleidungsindustrie;
  z. B. Spinnmaschinen, Webereimaschinen, Maschinen für die Aufbereitung von Textilfasern, Garnverarbeitungs- und Seilereimaschinen, Strickma-

schinen, Textilveredelungsmaschinen, Stoffzuschneidemaschinen, Stanzmaschinen, Bügelmaschinen, Wäschereimaschinen, Chemischreinigungsmaschinen, Legemaschinen, Nähmaschinen;
- zum Herstellen von Erzeugnissen aus Leder;
z. B. Rauchwarenzuricht- und Kürschnereimaschinen, Maschinen für die Lederherstellung und -verarbeitung, Maschinen für die Schuhherstellung und Schuhinstandsetzung, Maschinen für die Polstermaterialherstellung, Stanzmaschinen, Zurichtmaschinen;
- zum Herstellen von Erzeugnissen aus Gummi;
z. B. Aufbereitungsmaschinen, Mischer, Kneter, Kalander, Schneidemaschinen, Walzwerke, Vulkanisiermaschinen, Rauhmaschinen, Maschinen für die Herstellung von Autoreifen und Transportbändern;
- zum Herstellen von Erzeugnissen aus Papier und ähnlichen Stoffen;
z. B. Papierkalander, Schneidemaschinen, Umroller, Biege- und Falzmaschinen, Bohr- und Nietmaschinen für Papier und Pappe, Hülsenmaschinen, Heftmaschinen, Pressen, Stanzen, Klebemaschinen, Papierveredelungsmaschinen, Bücherpressen, Sackmaschinen, Reißmaschinen;
- zum Drucken;
z. B. Maschinen zur Druckformherstellung, zur Satzherstellung, für Reproduktion, Andruckmaschinen, Druckmaschinen, Vervielfältigungsmaschinen, Kopiermaschinen, Druckhilfsmaschinen, Tapetendruckmaschinen;
- für die Nahrungsmittel- und dazugehörende Industrie;
z. B. Maschinen zur Herstellung und Bearbeitung von Backwaren, Fischbearbeitungsmaschinen, Fleischbe- und -verarbeitungsmaschinen, Schlachtstättenmaschinen, Maschinen für Gemüse- und Früchteverarbeitung, Großküchenmaschinen, Maschinen für Milchverarbeitung, für die Teigwarenherstellung, für die Süßwarenherstellung, für die Getränkeherstellung, für die Herstellung von Futtermitteln, Backöfen für gewerbliche Nutzung, für Tabakbe-und - verarbeitung, Geschirrspülmaschinen für gewerbliche Nutzung, Reinigungsmaschinen für Behälter;
- zum Verpacken;
z. B. Verpackungs- und Verpackungshilfsmaschinen, Einschlagmaschinen, Sammelpackmaschinen, Folienschweißmaschinen, Bündelmaschinen, Schrumpfmaschinen.

Die bei den einzelnen Maschinengattungen aufgeführten Beispiele sollen weitgehend Zweifel über die Zugehörigkeit beseitigen. Die Aufzählung kann nicht vollständig sein. Für Maschinen, die bereichsüberschreitend einsetzbar sind, z. B. Prüfmaschinen, Maschinen für die Oberflächenbehandlung, Trocknungsmaschinen, Reinigungsmaschinen usw., müssen die Anforderungen dieser Norm erfüllt werden.
Der der Aufzählung der Maschinengattungen vorangestellte Satz mit dem durch Bindestriche eingefügten Satzteil, daß die Norm nicht auf die aufgelisteten Maschinen beschränkt ist, enthält die wichtige Aussage, daß diese Norm auch auf weitere Maschinengruppen anzuwenden ist. Sie hat damit

Leitfunktion und Gültigkeit auch für die kraftbetriebenen Arbeitsmaschinen für Industrie und Gewerbe, die in der beispielhaften Aufzählung nicht enthalten sind.

Der vorstehend genannte eingefügte Satzteil trägt den Bestimmungen in nationalen Vorschriften- und Normenwerken Rechnung, die ein bestimmtes Sicherheitsniveau zwingend vorschreiben und für die elektrische Ausrüstung von Maschinen im allgemeinen diese Norm zugrundelegen. Für den deutschen Bereich sind die Unfallverhütungsvorschriften, die berufsgenossenschaftlichen Richtlinien und Sicherheitsregeln, berufsgenossenschaftliche Prüfgrundsätze, die DIN-Normen, VDI-Richtlinien usw. (siehe Anhang) zu nennen, die an die gesetzliche Norm, das Gerätesicherheitsgesetz (GSG), eng angebunden sind. An dieser Stelle wird auf die Basisunfallverhütungsvorschriften der Berufsgenossenschaft hingewiesen:

VBG 1 »Allgemeine Vorschriften«,

VBG 4 »Elektrische Anlagen und Betriebsmittel«,

VBG 5 »Kraftbetriebene Arbeitsmittel«,

die für den gewerblichen Bereich verbindlichen Rechtscharakter haben. Die beiden genannten Unfallverhütungsvorschriften wie auch die für bestimmte Maschinen geltenden Vorschriften führen in Durchführungsanweisungen für die Erreichung der Schutzziele usw. ausdrücklich die Norm DIN VDE 0113 Teil 1 an.

Die Norm gilt nicht nur für einzelne Maschinen, z. B. Bohrmaschinen, Pressen, Druckmaschinen, Schleifmaschinen, Verpackungsmaschinen usw., sondern auch für Einrichtungen, die im Fertigungsablauf miteinander verkettet sind und steuerungstechnisch eine Einheit bilden. Typische Beispiele sind Transferanlagen, Pressenstraßen und Bearbeitungszentren, die in den verschiedenen Industriezweigen eingesetzt werden, bei denen die einzelnen Maschinen bzw. Maschinengruppen durch Transporteinrichtungen, Umsetzer, Hubeinrichtungen usw. miteinander verbunden sind. Die Einheit wird auch nicht unterbrochen, wenn für bestimmte Produktionsprozesse oder Betriebszustände einzelne Maschinengruppen vorübergehend außer Betrieb gesetzt werden.

Die Lieferbedingungen (Pflichtenhefte) von Verbänden und Betreiberfirmen, z. B. Unternehmen der Automobilindustrie und der chemischen Industrie, verlangen, daß die elektrische Ausrüstung von Maschinen nach dieser Norm ausgeführt wird.

Die Anforderungen dieser Norm gelten auch für automatische Montagemaschinen, wenn diese mit den aufgeführten Maschinen eine Einheit bilden. Unter automatischen Montagemaschinen werden Handhabungsgeräte und Roboter verstanden, die Montagetätigkeiten, Arbeitshandlungen usw. ausführen, die mit der Be- und Verarbeitung und der Herstellung eines Produktes zwangsläufig aus arbeitstechnischen Gründen verbunden sind. Die VDI-Richtlinie 2853 (Ausgabe 07.87) beschreibt und definiert den Roboter wie folgt:

»Industrieroboter sind universell einsetzbare Bewegungsautomaten mit mehreren Achsen, deren Bewegungen hinsichtlich Bewegungsfolge und Wegen bzw. Winkeln frei (d. h. ohne mechanischen Eingriff) programmierbar und gegebenenfalls sensorgeführt sind. Sie sind mit Greifern, Werkzeugen oder anderen Fertigungsmitteln ausrüstbar und können Handhabungs- und/oder Fertigungsaufgaben ausführen.«

Es ist nach Ansicht des Komitees 225 nicht zweifelhaft, daß Roboter (Handhabungsmaschinen) auch als Einzelaggregate, z.B. zum Umsetzen von Gütern auf eine Förderanlage, als »Industriemaschine« angesehen werden und daher aus sicherheitsrelevanten Gründen die Anforderungen dieser Norm anzuwenden sind.

Sind in den Arbeits- und/oder Produktionsprozessen Einrichtungen, wie Schweißroboter, Schweißeinrichtungen, Elektroerosions-, Laser-, Löteinrichtungen, Elektro-Wärmeeinrichtungen, elektrostatische Oberflächenbehandlungseinrichtungen, eingebunden, gelten für die als »Werkzeug« angesehenen Vorrichtungen die einschlägigen Normen, jedoch ist für den steuerungstechnischen Teil und gegebenenfalls für die Hauptstromkreise DIN VDE 0113 zu berücksichtigen.

Diese Norm gilt dann nicht, wenn Einrichtungen nicht zwangsläufig mit Maschinen zusammenarbeiten, z.B. für ein Hebezeug, das nur für Instandhaltung, Be-und Entladung von Werkstücken, zum Wechseln von Maschinenteilen oder Werkzeugen dient, für einen Stetigförderer, der am Ende einer Maschine zur Entnahme von Werkstücken oder Teilen oder zum Weitertransport der Maschine lose angegliedert ist. Für diese Einzeleinrichtungen sind die entsprechenden Normen anzuwenden.

Für Transporteinrichtungen, z.B. Hebezeuge, Stetigförderer, Hubeinrichtungen und Umsetzer, die mit der Maschine eine Einheit bilden, sowohl arbeitstechnisch als auch steuerungstechnisch zusammenwirken, gelten die Anforderungen dieser Norm auch für diese Einrichtungen.

Werden in Arbeitsprozessen Meß- oder Prüfeinrichtungen an einzelnen Maschinen oder Stationen eingefügt, gilt hierfür diese Norm.

[Maschinen, die in besonderen Umgebungsbedingungen eingesetzt werden]
Für Maschinen, die in Bereichen eingesetzt werden, in denen sie besonderen Umwelteinflüssen ausgesetzt sind, müssen auch die Anforderungen von Verordnungen und anderen Normen bei der Wahl der Betriebsmittel und bei Ausführung der elektrischen Ausrüstung wie auch die Erfahrungen der Praxis berücksichtigt werden.

Zusätzliche Anforderungen über die vorliegende Norm hinaus sind anzuwenden für:

– Maschinen, die im Freien betrieben werden;
  Hierzu gehören Maschinen, die z.B. auf Bau- und Montagestellen, auf Lagerplätzen, in Steinbrüchen und an ähnlichen Orten betrieben werden. Bei diesen Maschinen ist den höheren Klimawechselbeanspruchungen und dem Regenschutz Rechnung zu tragen;

- Maschinen, die explosionsfähige Stoffe herstellen oder bei denen solche während der Bearbeitung entstehen;
  z. B. bei der Zubereitung von Lacken, Farben und Lösungsmitteln, bei der Verarbeitung von Lacken, bei der Oberflächenbehandlung mit brennbaren Flüssigkeiten, bei der Bearbeitung von Kunststoffen, Holzwerkstoffen, Getreide, Futtermitteln kann eine explosionsfähige Atmosphäre durch Dämpfe, Nebel und Stäube entstehen;
- Für die elektrischen Ausrüstungsteile, die sich in explosionsgefährdeten Bereichen befinden, sind außer dieser Norm auch die Anforderungen der Normen DIN VDE 0165, DIN EN 50 014/VDE 0170/171, die »Explosionsschutzrichtlinien« und die »Verordnung über elektrische Anlagen in explosionsgefährdeten Räumen (Elex VO)« anzuwenden;
- Maschinen, die im Bergbau betrieben werden;
  Die Zusatzanforderungen gelten nur für Maschinen, die unter Tage in schlagwettergefährdeten Bereichen eingesetzt werden, nicht jedoch, wenn sie im Übertagebau ohne zusätzliche Gefährdung eingesetzt werden. Es sind die bergrechtlichen Vorschriften zu beachten, z. B. »Elektrozulassungs-Bergverordnung« vom 21.12.1983;
- Maschinen, die in explosionsgefährdeten Bereichen eingesetzt werden;
  Bei Maschinen in explosionsgefährdeten Bereichen, z. B. in Betriebsstätten, ist die gesamte elektrische Ausrüstung explosionsgeschützt auszuführen, sofern nicht Teile außerhalb des gefährdeten Bereiches untergebracht werden. Es sind die gleichen zusätzlichen Verordnungen und Normen, wie bei Maschinen – die explosionsfähige Stoffe herstellen – aufgeführt, zu berücksichtigen;
- Maschinen, bei denen während der Ver- oder Bearbeitungsvorgänge besondere Risiken entstehen;
  Besondere Risiken können entstehen einerseits bei der Be- und Verarbeitung gesundheitsschädlicher und/oder feuergefährlicher Stoffe und andererseits, wenn solche Stoffe im Arbeitsprozeß eingesetzt werden. Durch Erfassung der Schadstoffe möglichst an der Entstehungsstelle und Koppelung bzw. Verriegelung der künstlichen Lüftung mit der Steuerung ist dafür Sorge zu tragen, daß die zulässigen Grenzwerte, z. B. MAK- bzw. TRK-Werte (siehe Anhang), nicht überschritten werden.

[Ausnahmen vom Geltungsbereich]
Bei bestimmten Maschinen sind wegen besonderer technologischer Bedingungen die Hauptstromkreise (Leistungsstromkreise) aus dem sachlichen Geltungsbereich ausgeschlossen, für sie gelten teilweise einschlägige Normen.
Für die Peripherie, also vornehmlich die Steuerstromkreise, gelten die Anforderungen der DIN VDE 0113 Teil 1. Dies trifft für Maschinen bzw. Einrichtungen zu, bei denen die elektrische Energie direkt als »Werkzeug« (Arbeitsmittel) wirkt. Hierzu sind zu zählen:
- Schweißeinrichtungen, bei denen der Hauptstromkreis der Erzeugung des

Schweißlichtbogens, des Elektronenstrahls; des Laserstrahls, von Wärme beim Widerstandschweißen, für Lötmaschinen dient;
- elektrische Entladungseinrichtungen, bei denen der Hauptstromkreis der Erzeugung von elektrischen Entladungen im elektrischen Feld dient, z. B. bei Elektroerosionsmaschinen;
- elektrostatische Oberflächenbehandlung;
- kapazitive Trocknung und Aushärtung;
- die Hauptstromkreise elektrochemischer Prozesse, z. B. Galvanik, Härterei; Elektrolyse, Elysieren, Umschmelzen.

Die Ausnahmen erstrecken sich auch auf die Haupt- und auf die Steuerstromkreise nachstehend genannter Einrichtungen:
- zur Erzeugung und Verteilung elektrischer Energie, wie z. B. Anlagen in elektrischen Kraftwerken, Stromversorgungsanlagen für Sicherheitszwecke, Batterieanlagen, Stromerzeuger für Sicherheitszwecke, Umrichter für Stromversorgungen allgemeiner Art;
- Maschinen und Einrichtungen, die der Personenbeförderung dienen, z. B. Aufzüge, Hubarbeitsbühnen;
- Transporteinrichtungen, die nicht mit dem Arbeitsprozeß der Maschine unmittelbar zusammenhängen, z. B. Hebezeuge (Krane), Hubeinrichtungen, Aufzüge, Stetigförderer, Kreisförderer, Transportketten, Regalbedienungsanlagen.

Soweit zweckmäßig und sofern für die genannten Einrichtungen keine Vorschriften oder Normen für die elektrischen Ausrüstungen bestehen, sollte aus Sicherheitsüberlegungen diese Norm angewendet werden.

Zu 1.2 Zweck

Während im Abschnitt 4.0 der bisherigen Norm VDE 0113/12.73 eine generelle Aussage vorhanden war, wird in diesem Abschnitt das Sicherheitskonzept spezifischer beschrieben. Es ist mit den Aussagen a), b) und c) allen Einzelbestimmungen vorangestellt und gibt die Ziele an, die zu verfolgen und unter dem Aspekt der Sicherheit zu realisieren sind. Die allgemein formulierten Grundsatzanforderungen sind zusammengehörend und nicht einzeln oder getrennt zu betrachten. Die Anforderungen nach b) und c) sind gleichrangig mit a) zu verstehen, wie auch aus der Anmerkung erkennbar ist, da sie die Personensicherheit mit einschließen. Es fehlte bisher die definitive Aussage über Wartung (Instandhaltung); in der Praxis wurde dieser Sicherheitsaspekt nicht immer ausreichend berücksichtigt. Der in DIN VDE 0113 Teil 1/02.86 verwendete Begriff »Wartung« entspricht sinngemäß dem Begriff »Instandhaltung« der nationalen Norm DIN 31 051. In dieser Norm sind dem Oberbegriff Instandhaltung die Begriffe:
- Wartung; Maßnahmen zur Bewahrung des Sollzustandes,

– Inspektion; Maßnahmen zur Feststellung des Istzustandes,
– Instandsetzung; Maßnahmen zur Wiederherstellung des Sollzustandes untergeordnet.
Die Sicherheit ist nicht nur für das Maschinenbedienungspersonal, sondern auch für die Personen, die mit der Instandhaltung betraut sind, zu gewährleisten. Durch sorgfältige Planung, Auswahl geeigneter, geprüfter Betriebsmittel und vorschriftsmäßiger Ausführung ist mit weniger Störungen zu rechnen. Diese Gesichtspunkte gelten auch für die Software programmierbarer Steuerungen.
Die einfache und wirtschaftliche Instandhaltung setzt konstruktive Maßnahmen voraus, die gefahrlosen, unkomplizierten Zugang und Austausch von Betriebsmitteln ermöglichen sowie die Einhaltung organisatorischer und personenbezogener Sicherheitsmaßnahmen weitgehend entbehrlich machen.

Zu 1.3   Zusätzliche Anforderungen des Betreibers

Der Besteller einer Maschine kann mit dem Hersteller unter Berufung auf die Aussage in dieser Norm vereinbaren, daß über die Grundforderungen hinaus die durch Kursivschrift gekennzeichneten Bestimmungen als Gesamtkomplex zu berücksichtigen sind. Einzelne der zusätzlichen Anforderungen können in einem Liefervertrag gesondert vereinbart werden.
Viele dieser zusätzlichen Anforderungen waren in der Norm DIN VDE 0113/ 12.73 wegen ihres sicherheitsrelevanten Charakters als grundsätzliche Anforderungen enthalten. Sie waren daher für alle Maschinen in gleicher Weise verbindlich.
Bei der Vereinbarung von Zusatzanforderungen zwischen Hersteller und Besteller sind auch die maschinenspezifischen Unfallverhütungsvorschriften (siehe Anhang) und die in diesen angeführten Regeln der Technik zu berücksichtigen, z. B. VDI 3231 »Technische Ausführungsrichtlinien für Werkzeugmaschinen und andere Fertigungsmittel; E – Elektrische Ausrüstung für automatisierte Fertigungseinrichtungen«. Verlangt der Besteller (Betreiber), daß die elektrische Ausrüstung mit den zusätzlichen Einrichtungen ausgestattet wird, ist dies im Fragebogen nach ANHANG A zu dieser Norm zu vermerken.

Zu 1.4   Allgemeine Bedingungen für Betrieb, Transport und Lagerung

In der Norm DIN VDE 0113/12.73 waren keine konkreten Daten für die in Normen festgelegten Umgebungsbedingungen für den Aufstellungsort der Maschine bzw. der elektrischen Ausrüstung genannt. Für Betriebsmittel wurde auf die gültigen VDE-Bestimmungen verwiesen, in der Annahme, daß dort Angaben über die Einsatzbedingungen enthalten waren. Damit die elektrische Ausrüstung vom Hersteller ordnungsgemäß ausgelegt werden konnte, hatte der Besteller (Betreiber) Angaben über die von den Normwerten abweichenden Bezugswerte der Umgebungstemperaturen am Aufstellungsort im Fragebogen nach Anhang B der bisher gültigen Norm zu machen.

Zu 1.4.1   Umgebungstemperatur
Zu 1.4.2   Höhenlage
            und
Zu 1.4.3   Atmosphärische Bedingungen

Die Neuausgabe der Norm enthält die für die einwandfreie Funktion und für ungestörten Betrieb der elektrischen Ausrüstung erforderlichen Normbezugswerte hinsichtlich der Umgebungstemperatur, der Höhenlage und der atmosphärischen Bedingungen für übliche Aufstellungsorte. Diese Werte beziehen sich auf die gesamte Ausrüstung, so daß es notwendig werden kann, für einzelne Betriebsmittel, die z. B. innerhalb von Schaltschränken, innerhalb der Maschine usw. untergebracht werden, die höheren Beanspruchungen zu berücksichtigen.
Bei Abweichungen von den Normalbezugswerten am Aufstellungsort, z. B. beim Betrieb von Maschinen
– in Wärmebereichen, z. B. Stahlwerken, Glashütten, Gießereien, Härtereien, in tropischen Klimazonen,
– in Kältebereichen, z. B. Kühlhäusern, Kühlkammern, Kühlprüfräumen, arktischen Zonen,
– in Bereichen mit hohen Klimawechselbeanspruchungen, z. B. in Kühlbereichen, Molkereien, Schlachthäusern, Naßprüfräumen, Waschanlagen, Textilbetrieben
sind besondere Maßnahmen zur Sicherstellung eines ordnungsgemäßen, sicherheitsgerechten Betriebes zu treffen.

Außerdem sind die zusätzlichen Luftverunreinigungen durch Dämpfe, Rauch, aggressive Stoffe, Stäube zu berücksichtigen, die sich unter anderem auch ungünstig auf die Wärmeabfuhr auswirken können.

Zu 1.4.4   Errichtungs- und Betriebsbedingungen

Dieser Abschnitt wendet sich an den Betreiber, damit er die in den technischen Unterlagen vom Hersteller vorgegebenen Daten und Angaben für den störungsfreien Betrieb einhält. Bei vorhandenen Abweichungen der Daten nach den Abschnitten 1.4.1 bis 1.4.3 hat er dem Hersteller die diesbezüglichen Angaben im Fragebogen nach ANHANG A zu beantworten, damit bei Auslegung der elektrischen Ausrüstung die erschwerten Bedingungen berücksichtigt werden können. Hierzu sind auch Angaben über außergewöhnliche mechanische Einflüsse zu machen. Um negative Auswirkungen auf die Sicherheit der elektrischen Ausrüstung durch von den Normbezugswer-

20

ten abweichende Umgebungsbedingungen zu vermeiden, können z.B. folgende Maßnahmen angewendet werden:
- Wahl größerer Leiterquerschnitte,
- Anwendung anderer Isoliermaterialien mit höherer Wärme- und Spannungsfestigkeit,
- Herabsetzung der Leistungsdaten und -abgabe,
- Unterbringung der elektrischen Ausrüstung, soweit sie nicht direkt an der Maschine vorhanden sein muß, in einem besonderen Raum (Schaltraum), der klimatisiert ist,
- Verwendung von Klimageräten, Schaltschrankheizungen, umgebungsunabhängige Fremdbelüftung, Schaltschrankwärmetauscher mit zwei getrennten Luftkreisläufen, z.B. nach **Bild 1.4.4**.

Für einen störungsfreien Betrieb hat der Hersteller Informationen mitzuliefern, unter welchen Bedingungen die elektrische Ausrüstung zu errichten und zu betreiben ist, damit der Betreiber (Errichter) die erforderlichen Voraussetzungen schafft, z.B. für die Installation der Netzanschlußleitung, der Verbindungsleitungen, Aufstellung der Maschine bzw. der elektrischen Ausrüstung. Bei Abweichung von den Normwerten (Normalbedingungen) hat der Betreiber den Hersteller insbesondere über außergewöhnliche mechanische Einflüsse am Aufstellungsort zu informieren, wie z.B. Stöße, Schwingungen, Schläge, Schräglage.

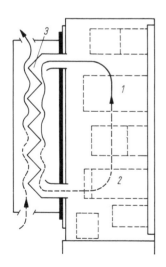

1   erwärmte Schrankinnenluft

2   abgekühlte Schrankinnenluft

3   Wärmetauscher, Lamellenregister

Bild 1.4.4.   Schaltgerätekombination mit Klimatisierung
Schaltschrank mit Wärmetauscher nach dem Luft-Luft-Prinzip
Äußerer und innerer Luftkreis vollständig getrennt

21

Zu 1.4.5 Transport und Lagerung

Für den Transport und die Lagerung der elektrischen Ausrüstung oder einzelner Teile bzw. Baugruppen sind größere Temperaturbereiche zugelassen, weil keine Eigenerwärmung durch elektrische Beaufschlagung vorhanden ist. Sind mögliche Schädigungen durch Feuchte, salzhaltige Atmosphäre, Stöße, Schläge und Vibrationen zu erwarten, müssen geeignete Vorkehrungen, z. B. zweckmäßige Verpackung, sichere Befestigung auf Transporteinrichtungen, schwingungsfreie Verpackung, Seeverpackung gegen solche Einwirkungen getroffen werden.
Ist mit den genannten, ähnlichen und/oder weitergehenden schädigenden Einflüssen zu rechnen, gegebenenfalls auch nur für einzelne, besonders empfindliche Ausrüstungsteile, müssen entsprechende Warnhinweise auf den Verpackungen und Versanddokumenten gegeben werden, gemäß den Forderungen in DIN IEC 68, Tabelle 2-6, Tabelle 2-31, Tabelle 2-32.

Zu 2 Begriffe

Die in diesem Abschnitt genannten Begriffe bezeichnen wichtige technische Ausdrücke (Definitionen) für die in dieser Norm beschriebenen Sachverhalte. Sie vermeiden Mißverständnisse, die bei der Auslegung und Anwendung der Norm, besonders im übernationalen Bereich entstehen können.

Zu 2.1 Elektronische Ausrüstung

Im nationalen Bereich ist für elektronische Ausrüstung die Norm DIN VDE 0160/01.86 »Ausrüstung von Starkstromanlagen mit elektronischen Betriebsmitteln« – soweit zutreffend – anzuwenden. Diese Norm ist jedoch nicht harmonisiert.

Zu 2.2 Schaltgerätekombinationen

Nach DIN VDE 0660 Teil 500/11.84 (Erläuterungen in VDE-Schriftenreihe Band 28) wird unterschieden zwischen
– typgeprüften Schaltgerätekombinationen (TSK), die in ihren elektrischen und mechanischen Eigenschaften mit dem Ursprungstyp übereinstimmen und
– partiell geprüften Schaltgerätekombinationen (PTSK), die typgeprüfte Betriebsmittel und Baugruppen enthalten und nach dem Zusammenbau einzeln geprüft werden.

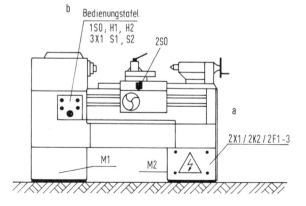

Bild 2.2. SK Schaltgerätekombination a im Maschinenkörper untergebracht; Bedienungstafel b auf Maschinenkörper montiert; Not-Aus-Taster (2S∅) am Bedienplatz

23

Schaltgerätekombinationen für die elektrische Ausrüstung von Industriema-
schinen sind fast ausnahmslos partiell geprüfte Schaltgerätekombinationen.
Sie sind den Prüfungen nach dem Zusammenbau gemäß Abschnitt 13 der
Norm DIN VDE 0113 Teil 1/01.86 zu unterziehen.
Die elektrische Ausrüstung ist in **Bild 2.2** im Maschinenkörper untergebracht
mit der Schaltgerätekombination (SK) für die Stromversorgung (a) und die
Steuergeräte (b).

Zu 2.3 Gehäuse

Die in **Bild 2.3** dargestellte elektrische Ausrüstung ist in einem Gehäuse im
Maschinenkörper integriert und hat keine Öffnungen zu anderen Maschinenteilen.

Bild 2.3. Elektrische Ausrüstung im Maschinenkörper integriert; keine Öffnungen
zu anderen Maschinenteilen oder zum Boden

Zu 2.5 Rohr (Schutzrohr)

Dieses Bauelement dient in gleicher Weise als Schutz für Leitungen wie der
Leitungskanal, jedoch in Rohrbauart.

24

Zu 2.11 Steuerstromkreis
und
Zu 2.12 Meldestromkreis

Die in diesen beiden Abschnitten beschriebenen Stromkreise wurden in der Vorläufernorm, wie auch in anderen Normen, gemeinsam als »Hilfsstromkreise« definiert.

Zu 2.16 Bedienteil

Im deutschen Normenwerk werden Bedienteile als »Stellteile« nach DIN 33 401 bezeichnet.

Zu 2.20 Elektrotechnisch unterwiesene Personen
und
Zu 2.21 Elektrofachkräfte

Die Aussagen über die Qualifikation von Elektro-Fachkräften und elektrotechnisch unterwiesene Personen stimmen nach dem Sachinhalt mit den Definitionen in der Unfallverhütungsvorschrift VBG 4 und in DIN VDE 0105 Teil 1 überein.

Zu 3 Warnschilder, Aufschriften, Betriebsmittel-Kennzeichnungen und technische Unterlagen

Bereits in DIN VDE 0113/12.73 wurden im Abschnitt 14 Aufschriften und Betriebsanleitungen für die elektrische Ausrüstung gefordert, jedoch nicht in der detaillierten Beschreibung wie in der vorliegenden Fassung.
Durch den vermehrten Einsatz von elektronischen Regel- und Steuersystemen sind die Maschinenausrüstungen komplexer geworden; die Übersichtlichkeit ist nicht immer sofort gewährleistet. Daher sind unter den Aspekten der Sicherheit und der Verfügbarkeit einer Maschine die Anforderungen dieses Abschnittes gleichermaßen für die Hersteller und Betreiber von nicht zu unterschätzender Bedeutung.

Zu 3.1.1 Warnschilder auf Gehäusen

Die Anbringung des Warnschildes (schwarzer Pfeil in gelbem Dreieck) kann entfallen, wenn die Zugehörigkeit von Betriebsmitteln zur elektrischen Ausrüstung zweifelsfrei erkennbar ist, z. B. an einzelnen Klemmenkästen, Steuertafeln, Motorstartern, Positionsschaltern, elektrisch betätigten Ventilen.

Zu 3.1.2 Aufschriften auf Schaltgerätekombinationen

In der bisherigen Norm wurden Aufschriften ohne Detailangaben verlangt. Die vorliegende Norm beschreibt die erforderlichen Aufschriften für Schaltgerätekombinationen, Steuergeräte, auswechselbare Bauteile in Unterabschnitten. In DIN VDE 0660 Teil 500 werden noch weitere Angaben gefordert.
In **Bild 3.1.2** sind zwei Beispiele für das Typschild einer Schaltgerätekombination wiedergegeben, das die erforderlichen elektrischen Kenndaten, die Herstellerkennzeichnung und das Baujahr enthält.
Ist die elektrische Ausrüstung innerhalb des Maschinenkörpers untergebracht, z. B. bei einfachen Maschinensteuerungen, bei Maschinen mit nur einem Motorschalter, kann das Typschild der Maschine mit den Angaben wie vorgeschrieben ergänzt oder das Typschild der Schaltgerätekombination kann als Einzelschild mit dem Maschinenschild kombiniert angebracht werden.

Zu 3.1.4 Aufschriften auf auswechselbaren Bauelementen

Eine wesentliche Voraussetzung für die Aufrechterhaltung des Sicherheitsstandards und der Funktionstüchtigkeit ist, daß bei Austausch von Bauteilen und Baugruppen kompatible Ersatzteile eingesetzt werden können. Dies ist

HANS KALTENBACH

Maschinenfabrik GmbH&Co

D - 7850 Lörrach

Type

№

Baujahr
Year of production
Année de fabrication
Anno di fabbricazione
Año de fabricación

Schaltplan
Wiring diagram
Schéma électrique
Schema di comando
Esquema de conexiones

Betriebsspannung
Operation voltage
Tension de service
Tensione di esercizio
Tensión de la red

/   V3~/Hz

Steuerspannung
Control voltage
Tension de commande
Tensione di comando
Tensión de mando

V~

Ventilspannung
Valve voltage
Tension valve
Tensione valvole
Tensión de válvula

V –

Gesamtnennstrom
Total nominal current
Courant nominal total
Tensione nominale totale
Corriente nominal total

A

Sicherung in der Zuleitung
Mains supply fuse
Fusibles d'alimentation
Protezione nella retein entrata
Fusibles de acometida

A

(KM) **KLÖCKNER-MOELLER**
Typ:

VDE 0660-5/0113/IEC 439/ _ _ _ _ _ _ _

Nennspannungen
Rated voltages
Tensions nominales _ _ _ _ _ _ _ _ _ _ _ _

Nennstrom
Rated current
Courant nominal _ _ _ _ _ _ _ _ _ _ _ _ _

Schaltplan-Nr.
Wiring Diagram No.
Schema de
Connexions No. _ _ _ _ _ _ _ _ _ _ _ _ _

Auftrags-Nr.
Serial No.
No. de Serie _ _ _ _ _ _ _ _ _ _ _ _ _ _

Made in West Germany

D, E, F, I, SP   4-2999-636510

Bild 3.1.2.   Beispiel: Typschild für Schaltgerätekombination

nur dann möglich, wenn die Teile zur Identifikation vollständig und eindeutig bezeichnet sind, und zwar nach den Anforderungen dieses Abschnittes. **Bild 3.1.4 (a)** zeigt die Betriebsmittelkennzeichnung für ein Leistungsschütz, **Bild 3.1.4 (b)** zeigt die Betriebsmittelkennzeichnung für eine elektronische Funktionseinheit.

Für Bauelemente mit kleinen Abmessungen sind die notwendigen Informationen in den Stücklisten (Gerätelisten) oder in den Schaltplänen zu verzeichnen.

Bild 3.1.4 a. Beispiel: Aufschriften eines Leistungsschützes mit integriertem Hilfsschütz

links: Kennzeichnung der Anschlüsse nach Norm

rechts: Aufschriften, die auf Betriebsmittel angebracht sind, mit elektrischen Daten

KLÖCKNER-MOELLER *TYPACt*

Type **TPy2 – 415 / 320 – 30 – 1B**

No.	U_{LN} **415**	V~	f	**50**	Hz
3507352	U_{dN} **320**	V-	I_{dN}	**30**	A

Bild 3.1.4 b. Beispiel: Eine gesamte elektronische Funktionseinheit mit Bezeichnung der einzelnen Baugruppen und Betriebsmittel; einzelnes Typschild mit Hauptdaten der Funktionseinheit

Zu 3.1.5 Betriebsmittel-Kennzeichnung von Bauelementen, Geräten, Klemmen, Leitungen und Leitern

Die Kennzeichnung wird in der Bundesrepublik Deutschland nach einschlägigen Normen ausgeführt, z. B. DIN 40 719 Teil 2 »Kennzeichnung von elektrischen Betriebsmitteln« (Tabelle 3.1.5).

Tabelle 3.1.5: Kennbuchstaben für Betriebsmittel

Kenn-buchstb.	Betriebsmittel	Beispiele
A	Baugruppen	Verstärker
C	Kondensatoren	Mp-Kondensatoren
E	Verschiedenes	Heizeinrichtungen
F	Schutzeinrichtungen	Sicherungen
H	Meldeeinrichtungen	Leuchtmelder
K	Schütze, Relais	Leistungsschütze
L	Induktivitäten	Drosseln
M	Motoren	Gleichstr.-motoren
Q	Schaltgeräte	Leistungsschalter
R	Widerstände	Potentiometer
S	Schalter	Befehlsgeräte
T	Transformator	Steuertrafos
V	Halbleiter	Transistoren
		Thyristoren
X	Klemmen	Klemmenleisten
Y	El. betätigte mech. Einrichtungen	Magnetventile

Für den im Text genannten ANHANG D haben die Beratungen zur Erstellung einer EN-Norm im Rahmen des Harmonisierungsverfahrens erst begonnen. Wegen der nur informativen Bedeutung ist der Inhalt nicht wiedergegeben. Es ist in der Praxis selbstverständlich, daß die Kennzeichnung der eingebauten Ausrüstungsteile mit der Kennzeichnung in den Schaltplänen übereinstimmt (Bild 3.1.5 a).
Bild 3.1.5 b zeigt Beispiele für die Kennzeichnung von Leitungen.
Eine vollständige Kennzeichnung von Klemmen, Leitern und Leitungen ist auf zusätzliche Vereinbarung zwischen Betreiber und Hersteller auszuführen.
Die Kennzeichnung von Klemmen und aus Gehäusen oder Schaltgerätekombinationen herausgeführten Leitungen war in der Norm DIN 57 113/ VDE 0113/12.73 gefordert. Diese in der Praxis bewährte Kennzeichnung der nach außen führenden Leiter und Leitungen und der zugehörigen Klemmen sollte allgemein beibehalten werden. Sie erleichtert die Durchführung bei Prüfungen, Fehlersuche, Störungsbeseitigung, Änderungen und Nachrüstungen, insbesondere bei teil- und vollautomatisierten Maschinen mit vielen außerhalb der Schaltgerätekombinationen installierten Steuergeräten.

Bild 3.1.5 a. Kennzeichnung der eingebauten elektrischen Betriebsmittel und Leitungen nach Norm in Übereinstimmung mit den Schaltplänen

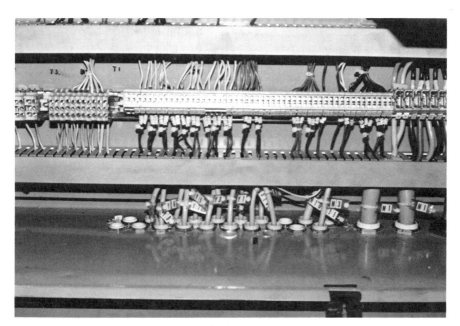

Bild 3.1.5 b. Beispiel: Kennzeichnung von Leitern und Leitungen und der zugehörigen Klemmen für nach außen geführte Leitungen

Zu 3.1.6 Funktionsbezeichnung von Bedienteilen

Während in der bisher gültigen Norm für die Funktionsbezeichnung von Befehlsgeräten allgemein gehaltene Anforderungen gestellt wurden, enthält die neue Norm Hinweise auf die Anwendung der Normenreihe DIN 40 100 (entsprechend IEC-417) und auf die zu vereinbarende Sprache. Anstelle von Textbeschriftungen sind Symbole (Bildzeichen) vorteilhafter, da sie sprachliche Übersetzungsfehler weitgehend vermeiden.
Für die Kennzeichnung von Bedienteilen (Stellteilen) ist bei numerischen Steuerungen DIN 55 003 Teil 3 zu beachten.

Zu 3.2 Technische Unterlagen

Die in der bisherigen Norm im Abschnitt 14.2 als »Betriebsanleitungen und Schaltpläne« bezeichneten Unterlagen sind mit den in diesem Abschnitt behandelten technischen Unterlagen fast identisch. Die Anforderungen an diese sind in der neuen Norm ausführlicher beschrieben.
Der komplexere Steuerungs- und Regelungsaufwand von Maschinen stellt auch höhere Anforderungen an das Personal, so daß der »hinweisenden

Sicherheitstechnik« im Sinne des Gerätesicherheitsgesetzes (GSG) besondere Beachtung zu schenken ist.
Die geforderte technische Dokumentation muß sich außer auf den Normalbetrieb auch auf die vorgesehenen abweichenden Betriebszustände erstrekken. Die Sicherheit des Personals und die Verfügbarkeit der Maschine sowie die sorgfältige Instandhaltung hängen in wesentlichem Maße von der Qualität der technischen Unterlagen ab.
An dieser Stelle ist der Hinweis angebracht, daß der Betreiber die Dokumentation pfleglich behandelt und dafür Sorge trägt, daß Änderungen nachgetragen werden.

Zu 3.2.1   Allgemeines

Wie bisher bereits gefordert, hat der Ausrüster für den elektrischen Teil einer Maschine die vollständigen technischen Unterlagen mitzuliefern. Die neue Norm enthält keine Angabe mehr, daß die Unterlagen zweifach mitzuliefern sind und eine Ausfertigung, z.B. in einer Tasche, in der Schaltgerätekombination unterzubringen ist. – Diese in der Praxis bewährte Methode sollte weiterhin angewandt werden.
Die technische Dokumentation muß unter anderem auch die sicherheitsrelevanten Angaben für Normalbetrieb sowie für Einrichten, Rüsten, Instandhaltung (Wartung), Störungssuche, Fehlerbeseitigung und Prüfung der elektrischen Ausrüstung vollständig enthalten.

Zu 3.2.3   Gemeinsame Anforderungen an alle Unterlagen

In diesem Abschnitt sind die erforderlichen Unterlagen aufgelistet, die der Hersteller mitzuliefern hat. Neu eingefügt sind die Anforderungen für die Erstellung eines Blockschaltplanes, einer Liste der Verschleißteile für alle Maschinen und die Lieferung von Hydraulik- und Pneumatikplänen. Die beiden letztgenannten Pläne sind wichtig für die Erkennbarkeit des Zusammenwirkens mit den elektrischen Einrichtungen, z.B. für hydraulisch betätigte Spanneinrichtungen, deren Druck und Weg elektrisch überwacht wird.
Für die Anfertigung von Schaltplänen in einpoliger oder mehrpoliger Darstellung sind die Schaltzeichen nach den zutreffenden Normen zu verwenden. Die im Anhang F aufgeführte IEC-117 (entspricht der Reihe DIN 40 700 bis 40 716) ist durch IEC-617 (entspricht DIN 40 900) abgelöst worden.

Zu 3.2.4   Anforderungen an die einzelnen Unterlagen

Zu 3.2.4.1   Installationsplan
Dieser Plan wurde bisher als »Aufstellungsplan« bezeichnet. Er muß alle Angaben enthalten, die für das Aufstellen der Maschine von Wichtigkeit sind. Er ist dem Betreiber vorab zugänglich zu machen, damit insbesondere bei

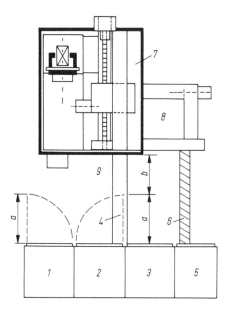

Bild 3.2.4.1 a. Installationsplan für Maschine und elektrische Ausrüstung

Schaltgerätekombination	Peripherie
1 Leistungsteil	6 Leitungskanal Hydraulik
2 Anpaßsteuerung	7 Maschine
3 Elektronik	8 Werkzeugträger mit
4 Elektr.-Leitungskanal	Transporteinrichtung
5 Hydraulikschrank	9 Maschinen-Bedienplatz

a) Öffnungsbreite der Türen von Gehäusen
b) Mindestbreite für Bedienplatz = 1,00 m

Fundamentarbeiten die erforderlichen Vorbereitungen getroffen werden können.
Er muß auch die wichtigen Angaben für den Platzbedarf vor den Schaltgerätekombinationen enthalten, der bei Prüfung, Instandhaltung, bei geöffneten Türen und unter Berücksichtigung der Rettungswege (Fluchtwege) einzuhalten ist (siehe DIN VDE 0100 Teil 729).
Bild 3.2.4.1 a zeigt ein Beispiel für die Ausführung von Installationsplänen für Maschinen und elektrische Ausrüstung.
Für die Herstellung von Fundamenten sowie für die Flächenbelastung am Aufstellungsort sollte die Angabe der Gewichte für Maschinen und Schaltgerätekombinationen usw. in den Installationsplan mit aufgenommen werden. Für die sichere Durchführung des Transportes von Schaltgerätekombinationen ist neben der Gewichtsangabe den technischen Unterlagen eine Transportzeichnung beizufügen **(Bild 3.2.4.1 b)**.

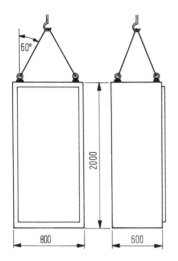

Bild 3.2.4.1 b. Transportzeichnung für den Krantransport der Schaltgerätekombination Bild 3.2.4.1 a
Transportgewichte:
1 Leistungsteil 375 kg
2 Anpaßsteuerung 320 kg
3 Elektronik 270 kg
5 Hydraulikschrank 425 kg
Der Neigungswinkel der Seile (Ketten) darf 60° nicht überschreiten

Zu 3.2.4.2 Blockschaltplan
Die Erstellung eines solchen Planes durch Symbole oder Abbildungen erleichtert insbesondere bei umfangreichen elektrischen Ausrüstungen die Übersicht über die funktionalen Zusammenhänge zwischen Arbeitsablauf der Maschine, den Verriegelungen (Kopplungen) und Verknüpfungen.
Um die Übersicht nicht unnötig zu erschweren, sind nur die für das Verständnis notwendigen Verbindungen darzustellen **(Bild 3.2.4.2)**.

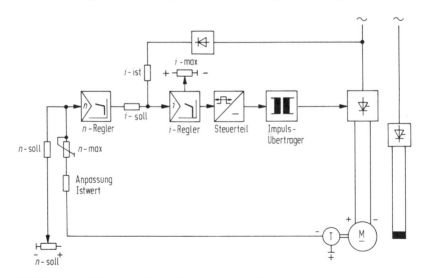

Bild 3.2.4.2. Blockschaltplan für Vorschubantrieb

36

Zu 3.2.4.3   Stromlaufplan

Während der Blockschaltplan (Abschnitt 3.2.4.2) nur eine Übersicht über die funktionellen Zusammenhänge geben soll, ist im Stromlaufplan die gesamte elektrische Ausrüstung ausführlich darzustellen. Der Stromlaufplan ist für das eingehende Verständnis bei der Errichtung, bei der Inbetriebnahme, insbesondere bei Fehlersuche, Prüfung, Instandhaltung, Änderungen usw. mit Bezug auf die einzelnen Funktionen der Maschine bzw. deren Einheiten im Zusammenwirken mit den zugehörigen elektrischen Steuerungs- und Regelungseinrichtungen unerläßlich.

Die **Bilder 3.2.4.3a und 3.2.4.3b** zeigen Beispiele für Stromlaufpläne für Haupt- und Steuerstromkreise, **Bild 3.2.4.3c** zeigt die Steuerstromkreise bei elektronischer Steuerung.

Es wird nicht wie bisher lediglich auf DIN 40 719 verwiesen, sondern für die Darstellungs- und Ausführungsart der Stromlaufpläne (Haupt-, Steuer- und Meldestromkreis) werden Detailangaben gemacht.

Zwischen Hersteller und Betreiber bzw. Besteller können zusätzliche Vereinbarungen zu den allgemeinen Anforderungen getroffen werden. Die Zusatzanforderungen können auch ohne Vereinbarung für alle Maschinen mit umfangreichen Steuerungs- und Regelungseinrichtungen angewendet werden. In diesem Fall entsprechen sie weitgehend den Festlegungen in DIN 40 719 Teil 3, die in Deutschland bei der Erstellung von Stromlaufplänen eingehalten werden.

In die Stromlaufpläne können zur Erleichterung des Verständnisses zusätzliche Beschreibungen zum Funktionsverhalten aufgenommen werden, auch für einzelne Stromkreise.

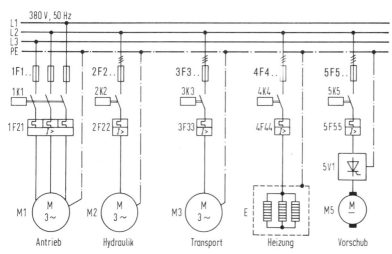

Bild 3.2.4.3 a.   Stromlaufplan für Hauptstromkreise

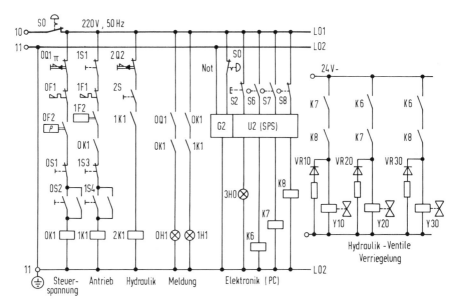

Bild 3.2.4.3 b.   Stromlaufplan für Steuer- und Meldestromkreise

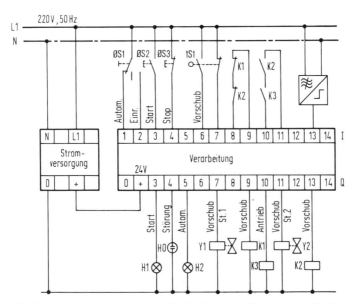

Bild 3.2.4.3 c.   Stromlaufplan für Elektronik-, Steuer- und Meldestromkreise

Zu 3.2.4.4   Beschreibung des Arbeitsablaufes und/oder Ablaufdiagramm
Während für einfache Maschinen, z. B. Bohrmaschinen, Kreissägen, eine Arbeitsablaufbeschreibung im allgemeinen nicht erforderlich ist, muß für Maschinen, deren einzelne Funktionen voneinander abhängig sind, eine genaue Beschreibung der Arbeitsabläufe oder ein Ablaufdiagramm erstellt werden. Die Arbeitsablaufbeschreibung und/oder das Ablaufdiagramm müssen detaillierte Angaben enthalten mit Verweis auf die Stromlaufpläne, insbesondere zu den gegenseitigen Abhängigkeiten zwischen den elektrischen, mechanischen, hydraulischen, pneumatischen Funktionen und Arbeitsfolgen. Für Maschinen, die verschiedene Arbeitsabläufe ausführen können, z. B. bei Bearbeitungszentren, ist für jeden einzelnen eine Beschreibung anzufertigen.
Die in diesem Abschnitt aufgeführte Arbeitsablaufbeschreibung wurde in DIN 57 113/VDE 0113/12.73 als Funktionsbeschreibung bezeichnet, die auch durch ein Funktionsdiagramm ersetzt werden kann.

Zu 3.2.4.5   Verbindungsplan
Der hier früher als »Anschlußplan« bezeichnete Verbindungsplan enthält die vollständigen Angaben für Verbindungen zu Betriebsmitteln, die außerhalb von Schaltgerätekombinationen montiert oder zwischen Schaltgerätekombinationen zu installieren sind.
In **Bild 3.2.4.5** wird als Beispiel ein Teilverbindungsplan (Klemmenplan) mit Steckplatz der Leiterplatte in der Schaltgerätekombination und den verschiedenen Klemmenleisten zu den Betriebsmitteln dargestellt.

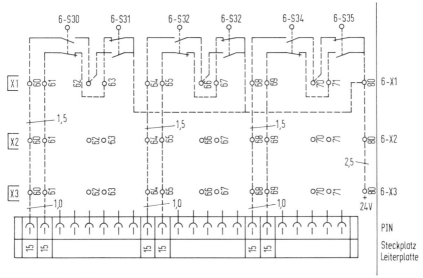

Bild 3.2.4.5.   Klemmenplan, Leitungsplan für Grenzlagenfühler (Positionsschalter)

Es ist nicht notwendig, im Verbindungsplan den gesamten Verlauf der einzelnen Leiter darzustellen; es ist ausreichend, die Anschlußpunkte nur mit den Zielbezeichnungen der angeschlossenen leitenden Verbindungen darzustellen, in Form einer Klemmenliste **(Tabelle 3.2.4.5)**.

Tabelle 3.2.4.5: Klemmenliste anstelle von Verbindungsplan (früher Anschlußplan).

Hersteller		Klemmenliste					Seite
Auftrag		Maschine, Type					Blatt
Leitung	Leiter	Ziel	Klemmen Leiste	Nr.	Betriebsmittel Bez.	Kl.	Betr.-mittel
W 10	60	von Leiterplatte Steckplatz 15 6-X3, 6-X2	6-X1	60	6-S30	14	Schutztüren Türverriegel. Positionssch.
	62		6-X1	62	6-S30	13	Seitentür (r)
			6-X1	62	6-S31	13	Seitentür (l)
	61	6-X3, 6-X2	6-X1	61	6-S30	22	
	63		6-X1	63	6-S31	21	
	80	+-Schiene 24 V	6-X1	80	6-S31	22/14	Stromvers.=
W 11	64	6-X3, 6-X2	6-X1	64	6-S32	14	Positionssch.
	66		6-X1	66	6-S32	13	Vordertür 1
			6-X1	66	6-S33	13	Vordertür 1
	65	6-X3, 6-X2	6-X1	65	6-S32	22	
	67		6-X1	67	6-S33	21	
	80	+-Schiene 24 V	6-X1	80	6-S33	22/14	Stromvers.=
W 12	68	6-X3, 6-X2	6-X1	68	6-S34	14	Vordertür 2
	70		6-X1	70	6-S35	21	Vordertür 2
	69	6-X3, 6-X2	6-X1	69	6-S34	22	
			6-X1	71	6-S35	13	
	80	+-Schiene 24 V	6-X1	80	6-S35	22/14	Stromvers.=

Zu 3.2.4.6   Geräteliste
Diese Liste wurde in der vorhergehenden Norm DIN 57 113/VDE 0113/12.73 als »Stückliste« bezeichnet. Wie früher muß die Geräteliste alle in der elektrischen Ausrüstung vorhandenen Betriebsmittel mit ihren Kenndaten für die Identifizierung aufweisen einschließlich der Kennzeichnung nach Abschnitt 3.1.6 und zweckmäßig auch der Einbauorte. Sie ist unerläßlich für die Aufrechterhaltung der in Abschnitt 3.2.4.3 beschriebenen Grundsatzanforderungen für Ersatzbeschaffungen. Die Ausführung einer Geräteliste entsprechend diesem Abschnitt ist in **Tabelle 3.2.4.6** dargestellt. Sie kann nach der Zugehörigkeit der Betriebsmittel zu den verschiedenen Stromkreisen oder nach alphabetischer Reihenfolge der Betriebsmittelkennzeichnungen geordnet ausgefertigt werden.
Werden in der elektrischen Ausrüstung Betriebsmittel verwendet, die von den normgerechten Ausführungen abweichen, sind hierzu spezifische technische Angaben zu machen.

Tabelle 3.2.4.6 Beispiel: Geräteliste (Stückliste)

| Hersteller | | | Verzeichnis der El.-Ausrüstung | | | Seite … |
| Auftrag Nr. | | | Maschine, Type | | | Blatt … |
Kennzeichen	Stromkreis	Stückzahl	Benennung, Funktion, Technische Daten	Type, Fabrikat	Teile-Nr.
M 1	1	1	Antriebsmotor, Spindel 3~, 50 Hz, 220/380 V P = 10 KW; n = 1500 U/min	B 3, DM 10 IP 33, ABC	08.41.100
1 F 1	1	3	Sicherungsunterteil, NH-Größe / mit Sicherung 35 A	NH-100 ME	20.46.035
1 K 1	1	1	Schütz, AC3, 380 V, I_{th}=30 A Hilfsschalter 3Ö, 3S Spule 220 V	SL 30/35 KS	20.45.030
1 F 21	1	1	Motorschutzrelais, 3 pol. 16–24 A; Hilfsschalter 1Ö. 1S	MR – 24 KS	20.47.124
M 2	2	1	Antriebsmotor, Hydraulikpumpe, 3~, 50 Hz 220/380 V P = 3,0 KW, n = 1500 U/min	B 3, DM 3 IP 33 ABC	08.41.030
2 F 2	2	3	Sicherungssockel mit Sicherung DO 16 A, 3 pol.	S 16 ME	20.44.016
2 K 2	2	1	Schütz, AC 3, 380 V, I_{th}=16 A Hilfsschalter 3Ö, 2S Spule 220 V	SL – 16/20 KS	20.45.020
2 F 22	2	1	Motorschutzrelais, 3 pol. 6–10 A, Hilfsschalter 1Ö, 1S	MR – 10 KS	20.47.010
…	…	…	…	…	…

Tabelle 3.2.4.6 (Fortsetzung)

| Hersteller | Verzeichnis der El.-Ausrüstung | | | | Seite … |
| Auftrag Nr. | Maschine, Type | | | | Blatt … |
Kenn-zeichen	Strom-kreis	Stück-zahl	Benennung, Funktion, Technische Daten	Type, Fabrikat	Teile-Nr.
M 5	5	1	Antriebsmotor, Vorschub X-Achse $P = 6,0$ KW, $N = 0$–3000 U/min 440 V Ankerkreis	B 5 – GM 10 fremdbel. SW	08.42.060
5 F 5	5	1	Sicherungsunterteil NH-Größe 0 mit Sicherung 35 A	NH – 100 ME	20.46.035
5 F 55	5	1	Motorschutzrelais, 3 pol. 16–24 A, Hilfsschalter 2S, 2Ö	MR – 24/2 KS	20.47.224
5 V 1	5	1	Stromrichter mit Regeleinrichtung 3~, 50 Hz, 380 V/400 V-, 70 A	II – GR 1 fremdbel.	07.42.110

Zu 3.2.4.7 Wartungsanleitung
Wenn für die konzipierte Sicherheitsstrategie der Sicherheitsstandard auf-
rechterhalten bleiben soll, ist der Betriebsanleitung eine Instandhaltungsan-
leitung in Anlehnung an DIN 31 051 anzufügen, die ausreichende Dokumentation enthalten muß über
- den Zeitplan für vorbeugende Instandhaltung nach den vom Hersteller der
  elektrischen Ausrüstung und der Maschine vorgesehenen normalen Betriebsbedingungen, insbesondere unter Berücksichtigung der Lebens-
  dauerangaben für die einzelnen Betriebsmittel, z. b. Zahl der Schaltspiele;
- die Beschreibung der Durchführung und des Ablaufes der Instandhaltungsarbeiten einschließlich der Sicherheitseinrichtungen, die wirksam
  bleiben müssen;
- regelmäßig durchzuführende Prüfungen innerhalb bestimmter Zeitinter-
  valle, insbesondere z. B. für Not-Aus-Einrichtungen, die Wirkung von
  Sicherheitsschaltungen, Positionsschaltern, Schutzeinrichtungen;
- Durchführung von Einstell- und Rüstarbeiten mit den Hinweisen, welche
  Sicherheitsbedingungen für diese Arbeiten wie auch für die Kontrolle und
  den Probebetrieb eingehalten werden müssen, z. B. Einleitung von Funktionen nur mit Tippschaltung, Fahren mit verringerten Geschwindigkeiten bei
  gefährlichen Bewegungen oder Anwendung beider Maßnahmen gleichzeitig, Zweihandschaltung, satzweises Fahren mit verringerter Geschwindigkeit, Verfahren mit Zustimmungsschaltung usw. entsprechend den Vor-
  gaben in der Unfallverhütungsvorschrift»Kraftbetriebene Arbeitsmittel«
  (VBG 5) und den Unfallverhütungsvorschriften für einzelne Maschinen.

Zu 3.2.4.8 Anordnungsplan oder -Tabelle
Die bisher gültige Norm forderte die Anfertigung eines Geräteanordnungs-
planes für große Maschinen (Transfermaschinen, Bearbeitungszentren).
Die **Bilder 3.2.4.8 a und 3.2.4.8 b** zeigen Beispiele für die Ausführung von An-
ordnungsplänen.
Da eine Tabelle im allgemeinen weniger übersichtlich ist, kann diese Art der
Ausführung nicht empfohlen werden; sie ist allenfalls für einfachere, in
Rasterbauweise ausgeführte Schaltgerätekombinationen ausreichend.

Zu 3.2.4.9 Liste der Verschleiß- und Ersatzteile
Die Anfertigung einer eigenen Liste für solche Betriebsmittel, die durch hohe
Beanspruchungen ungewöhnlichem Verschleiß ausgesetzt sind, kann entfal-
len, wenn sie in der Geräteliste besonders gekennzeichnet sind.

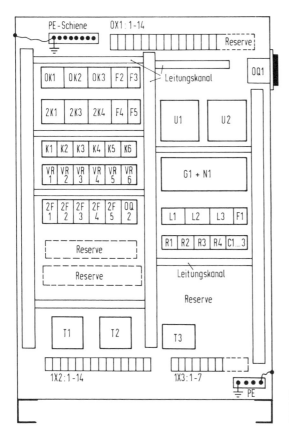

Bild 3.2.4.8 a. Anordnungsplan der Schaltgerätekombination

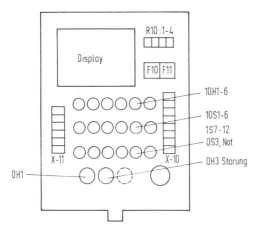

Bild 3.2.4.8 b. Anordnungsplan für Bedienungstableau

44

Zu 4 Allgemeine Anforderungen

Zu 4.1 Elektrische Betriebsmittel

Zu 4.1.1 Anforderungen

Die in elektrischen Ausrüstungen verwendeten Betriebsmittel müssen für den industriellen Einsatz geeignet sein, d. h., Betriebsmittel, die für Geräte im Haushaltbereich konzipiert sind, können im allgemeinen nicht verwendet werden.

Es sind Seriengeräte einzusetzen, so daß im Bedarfsfall Ersatzbeschaffungen am Betreiberort erleichtert werden. Der Einsatz von Sonderanfertigungen oder geänderten Seriengeräten ist auf die Aufgabestellungen zu beschränken, die mit Seriengeräten nicht zu realisieren sind.

Zu 4.2 Elektrische Betriebsbedingungen

In der bisher gültigen Norm DIN 57 113/VDE 0113/12.73 war die Toleranzgrenze für
– die Spannung mit ± 5 % festgelegt und für
– die Frequenz kein Wert angegeben.
Die vorliegende Norm läßt folgende Abweichungen von den Nennwerten zu für
– die Spannung von ± 10 % und für
– die Frequenz von ± 2 %,
bei denen die Funktionsfähigkeit nicht beeinträchtigt werden darf.
Sind bestimmte Betriebsmittel oder Geräte nur für geringere Frequenzabweichungen als ± 2 % ausgelegt oder aus Gründen der präzisen Funktion, z.B. bei zeitabhängigen Schaltkreisen, geringere Toleranzen erforderlich, muß der Hersteller dies in eindeutiger Weise angeben oder es ist eine Frequenzüberwachung vorzusehen.
Nach einschlägigen Normen, z.B. DIN VDE 0530 Teil 1, müssen Antriebsmotoren ihre Nennleistung im Spannungsbereich von 95 % bis 105 % abgeben können.

Zu 4.2.1

Für einzelne elektronische Betriebsmittel sind nach DIN VDE 0160 geringere Werte für Spannungsunterbrechung, Spannungseinbruch, Spannungsspitzen und Oberwellengehalt gefordert als in diesem Unterabschnitt beschrieben. Für den Einsatz in Maschinenausrüstungen sind sie auf ihre Eignung zu überprüfen.

Zu 4.3   Netzanschluß

Zu 4.3.3

Auch in der neuen Norm wird empfohlen, die elektrische Ausrüstung nur an einer Stelle einzuspeisen. Die Netzanschlußleitung ist an den Eingangsklemmen des Hauptschalters oder an die zugeordnete Klemmenleiste (0-X1) anzuschließen **(Bild 4.3.3)**.

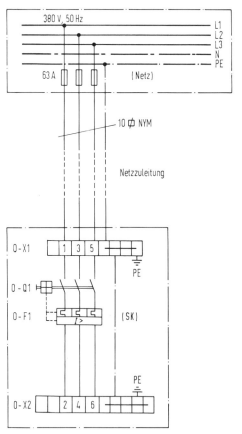

Bild 4.3.3.   Netzanschlußstelle (0-X1) der elektrischen Ausrüstung in der Schaltgerätekombination (SK)

46

Zu 5 Schutzmaßnahmen

Zu 5.1 Schutz gegen gefährliche Körperströme

Für die elektrische Ausrüstung sind ausgehend von der IEC-Publikation 364 die Maßnahmen gegen die Auswirkungen gefährlicher Körperströme zwingend anzuwenden, die mit VDE 0100 Teil 410 übereinstimmen. In der vorhergehenden Norm DIN 57 113/VDE 0113/12.73 wurde für Anwendung und Ausführung des Schutzes gegen gefährliche Körperströme auf VDE 0100 verwiesen.

Zu 5.1.1 Schutz gegen direktes Berühren

Der Schutz gegen direktes Berühren hat die Aufgabe, unter der Bezeichnung »Basisisolierung« als grundsätzliche Schutzmaßnahme die unter Spannung stehenden Teile im ungestörten Betrieb für den Menschen unzugänglich zu machen. Diese Schutzmaßnahme gilt unabhängig von der Höhe der Spannung für elektrische Ausrüstungen. Durch Berührung unter Spannung stehender Teile oder durch Fremdeinflüsse, z. B. leitfähiger Staub, können gefährliche Maschinenbewegungen ausgelöst oder das Stillsetzen verhindert werden. Wo der Schutz nicht realisiert werden kann, ist die Schutzmaßnahme Maschinenkleinspannung (siehe Abschnitt 5.1.3) anzuwenden.

Zu 5.1.1.1 Schutz durch Gehäuse

Der vollständige Schutz gegen direktes Berühren aktiver Teile wird durch Gehäuse erreicht, wenn sie nur mit Schlüssel oder Werkzeug durch Fachleute geöffnet werden können.

Befinden sich auf der Innenseite von Türen Betriebsmittel, z. B. Anzeigegeräte, Meldegeräte, bei denen unter Spannung stehende Teile berührt werden können, ist mindestens ein teilweiser Berührungsschutz erforderlich. Das gilt auch für Betriebsmittel innerhalb von Gehäusen, die zur Wiederherstellung der Sollfunktion betätigt werden, z. B. Schalter, Relais, Überstromauslöser, Potentiometer, oder für Betriebsmittel, die ausgewechselt werden, z. B. Leuchtmelder, Anzeigelampen, Sicherungen, Steckelemente **(Bild 5.1.1.1 a)**. Die Ausführungsart des teilweisen Berührungsschutzes (Schutz gegen zufälliges Berühren) ergibt sich aus den Bestimmungen der Unfallverhütungsvorschrift »Elektrische Anlagen und Betriebsmittel« (VBG 4) und DIN VDE 0106 Teil 100. Durch konstruktive Gestaltung, Anordnung der Betriebsmittel oder zusätzliche Abdeckungen sind die Bedingungen für Finger- und Handrückensicherheit zu erfüllen.

Bild 5.1.1.1 b zeigt zusätzliche durchsichtige isolierte Abdeckungen hinter

Bild 5.1.1.1 a. In Schaltgerätekombinationen eingebaute Betriebsmittel weisen in unmittelbarer Nähe von Betätigungselementen teilweisen Berührungsschutz auf

48

Bild 5.1.1.1 b. Zusätzliche durchsichtige isolierte Abdeckung mit Öffnungen für die Betätigung von Betriebsmitteln mit Isolierstab. Nach vollständiger Montage sind offene Sicherungselemente durch eingesetzte Sicherungen und Schraubkappen gegen direktes Berühren geschützt

der Schaltschranktür mit Öffnungen für die Betätigung von Betriebsmitteln mit isoliertem Stab. Diese Art des Berührungsschutzes wird dann angewendet, wenn das Einstellen von Betriebsmitteln nicht durch Elektrofachkräfte oder elektrotechnisch unterwiesene Personen vorgenommen werden soll. Sind Schaltgerätekombinationen in abgeschlossenen elektrischen Betriebsstätten untergebracht, so ist nach DIN VDE 0100 Teil 731 der Zugang nur für qualifizierte Personen gestattet (siehe Abschnitte 2.20 und 2.21).

Zu 5.1.2   Schutz bei indirektem Berühren

Diese Schutzmaßnahmen haben die Aufgabe, das Fortbestehen gefährlicher Berührungsspannungen, die infolge von Isolationsversagen auf berührbare, leitfähige Teile übertragen werden können und damit die Gefahr von Körperdurchströmungen zu verhindern.

Zu 5.1.2.1   Schutz durch selbsttätiges Ausschalten der Spannung
Die Wirksamkeit dieser Schutzmaßnahme wird beim Einsatz von Überstromschutzorganen durch Abschaltung des Fehlerstromkreises innerhalb festgelegter Zeiten erreicht in Verbindung mit vorschriftsmäßiger Auslegung und Installation des Schutzleitersystems. Die eingesetzten Schutzeinrichtungen sind auf die jeweilige Netzform abzustimmen (siehe DIN VDE 0100 Teil 410). Bei Anwendung von FI-Schutzeinrichtungen ist zu berücksichtigen, daß bereits kleine Fehlerströme zu unerwünschter oder vollständiger Abschaltung mit hohen Risiken führen können.
Außer den vorgenannten Sicherheitsmaßnahmen, die mit Schutzleiter arbeiten, sind auch die Schutzmaßnahmen Funktionskleinspannung (FELV), Maschinenkleinspannung (MELV), Schutztrennung und Schutzisolierung für elektrische Maschinenausrüstungen anwendbar. Die Bedingungen für die Wirksamkeit dieser Schutzmaßnahmen sind in DIN VDE 0100 Teil 410 beschrieben, außer für MELV.

Zu 5.1.2.1.1   Schutzleitersystem – Allgemeines
Zu diesem System gehören alle Schutzleiteranschlüsse, die Schutzleiter, die Konstruktionsteile der elektrischen Ausrüstung, alle Körper der elektrischen Betriebsmittel und der Maschinenkörper mit ihren leitenden Verbindungen.

Zu 5.1.2.1.5   Querschnitt des Schutzleiters
Die Angabe für Querschnitte der Schutzleiter entsprechen im allgemeinen den Anforderungen in DIN VDE 0100 Teil 540. Eine überschlägige Berechnung kann bei einfachen Stromversorgungen entfallen; es können die Querschnitte nach TABELLE 1 aus der erläuterten Norm gewählt werden.
Wenn Besonderheiten vorliegen, z. B. beim Anschluß einer Leistungselektronik (BLE), die ohne Trenntransformator an einem geerdeten Drehstromnetz betrieben wird, ist eine Berechnung unumgänglich. Auf der Gleichstromseite

können bei der üblicherweise vorhandenen elektronischen Strombegrenzung lang andauernde Erdschlußströme auftreten, die den Nennstrom erreichen können. Auf der Drehstromseite treten noch höhere Ströme im Schutzleiter als in den Außenleitern auf. Der Schutzleiterquerschnitt ist daher mindestens so stark wie der Außenleiterquerschnitt zu wählen. Für die Leistungselektronik wird eine zusätzliche Schutzeinrichtung empfohlen, die im Erdschlußfall die Abschaltung bewirkt (DIN VDE 0160).
Werden Konstruktionsteile der Maschine als Schutzleiter mit verwendet, ist darauf zu achten, daß an keiner Stelle der Schutzleiterstrombahn der erforderliche leitwertgleiche Kupferquerschnitt unterschritten wird.

Zu 5.1.2.2   Schutzisolierung oder gleichwertige Isolierung
Der Schutz bei indirektem Berühren kann auch durch Verwendung schutzisolierter Betriebsmittel (Schutzklasse II) nach DIN VDE 106 Teil 1 im Sinne von DIN VDE 0100 Teil 410, Abschnitt 6.2, erreicht werden. Sind in schutzisolierten Gehäusen oder Betriebsmitteln leitfähige Teile vorhanden, z. B. Montageplatten, wird empfohlen, diese mit dem Schutzleiter zu verbinden, wenn bei möglichen Erdschlüssen, infolge von Isolationsversagen, Abspleißen von Drähten usw. Gefahrenzustände, z. B. durch selbsttätigen Anlauf, hervorgerufen werden können.

Zu 5.1.2.3   Schutz durch Funktionskleinspannung (FELV)
In diesem Abschnitt ist die in DIN VDE 0100 Teil 410, Abschnitt 4.3, vorgeschriebene Unterscheidung zwischen FELV mit und ohne sichere Trennung infolge vereinfachter Beschreibung nicht deutlich erkennbar.
In FELV-Stromkreisen ist
– ein Pol der Speisequelle, z. B. Transformator, mit dem Schutzleitersystem des Stromkreises der höheren Spannung zu verbinden; mit diesem Schutzleiter müssen auch alle leitfähigen Körper im Kleinspannungskreis verbunden werden
oder
– die Speisequelle und alle Betriebsmittel sind gegen Stromkreise mit höherer Spannung »sicher zu trennen«.

Grundanforderungen für »sichere Trennung« enthält DIN VDE 0106 Teil 101. Die Schutzwirkung in FELV-Stromkreisen ist davon abhängig, daß der Übertritt der höheren Spannung in den Kleinspannungskreis sicher verhindert wird.
Bei Verwendung eines Transformators als Speisequelle muß dieser VDE 0551 »Bestimmungen für Sicherheitstransformatoren« entsprechen.
Funktionskleinspannung kann auch mit Hilfe von elektronischen Betriebsmitteln erzeugt werden, wenn durch geeignete Schaltungsmaßnahmen bei einem internen Fehler die Eingangs- bzw. Ausgangsspannung auf 50 V ~ oder 120 V = sicher begrenzt wird im Sinn der DIN VDE 0100 Teil 410, Abschnitt 4.3.

Zu 5.1.2.4   Schutztrennung

In schutzgetrennten Stromkreisen dürfen Körper von Betriebsmitteln nicht mit Erde oder Körpern bzw. Schutzleitern anderer Stromkreise verbunden werden. Diese Schutzmaßnahme ist nur in seltenen Fällen anwendbar. Wenn sie angewendet wird, sind die Anforderungen nach DIN VDE 0100 Teil 410, Abschnitt 6.3, zu erfüllen.

Zu 5.1.3   Schutz gegen direktes Berühren und bei indirektem Berühren durch Maschinenkleinspannung (MELV)

Diese Schutzmaßnahme gegen gefährliche Körperströme ist unter dem Begriff Maschinenkleinspannung (MELV) in dieser Norm neu eingeführt. Die Schutzmaßnahme MELV kann angewendet werden, wenn der vollständige Schutz gegen direktes Berühren bei einzelnen aktiven Teilen nicht eingehalten werden kann.

Sind einzelne Betriebsmittel der elektrischen Ausrüstung außergewöhnlichen atmosphärischen Bedingungen und damit erhöhter Gefahr von Isolationsfehlern ausgesetzt, durch die die elektrische Sicherheit und/oder die Funktionsfähigkeit der Maschine beeinträchtigt werden kann, sollte diese Schutzmaßnahme ebenfalls angewendet werden. Vorrangig ist jedoch eine ausreichende Kapselung anzustreben.

Es soll darauf hingewiesen werden, daß bei kleinen Spannungen, z. B. in Steuerstromkreisen, Nachteile entstehen können, z. B. durch verringerte Fehlschaltungssicherheit, größeren Spannungsfall, höhere Strombelastung der Kontakte von Hilfsschaltern und Relais.

Zu 5.1.4   Schutz gegen Restspannungen

Können die Bauteile nicht innerhalb der vorgegebenen Zeit entladen werden, müssen die der Berührung zugänglichen Teile abgedeckt werden, und durch ein Warnschild ist auf die längere Entladezeit hinzuweisen.

Es ist anzustreben, die Entladungsenergie auf 350 mJ zu begrenzen (siehe Unfallverhütungsvorschrift VBG 4, § 8). Bestimmungen zum Schutz gegen die Gefährdung durch Restspannungen befinden sich im Rahmen von DIN VDE 0100 Teil 410 in Beratung.

Zu 5.2   Kurzschlußschutz

Kurzschlußschutz ist unabdingbar. Die recht allgemein gehaltenen Aussagen in DIN 57 113/VDE 0113/12.73 sind in DIN VDE 0113 Teil 1/02.86 durch viele Hinweise und Beispiele ergänzt worden:

1) **Alle** Leiter, auch der N- und PE-Leiter, sind gegen die Auswirkungen eines Kurzschlusses zu schützen. Da der PE-Leiter nicht geschaltet werden darf und in Abhängigkeit zum Kurzschlußschutzorgan der aktiven Leiter gewählt

wird, entfällt für ihn stets die Kurzschlußstromerfassung, siehe Abschnitt 5.1.2.1.5 Tabelle 1 der erläuterten Norm. Im Prinzip muß dagegen der N-Leiter wie ein Außenleiter behandelt werden. Allerdings gibt es eine Ausnahme, die für die deutsche Praxis wesentlich ist:
Für N-Leiter im TN- oder TT-Netz, die querschnittsgleich mit den Außenleitern sind, ist sowohl die Kurzschlußerfassung als auch die Trennung im Kurzschlußfall entbehrlich.

2) Der Nenn- oder Einstellstrom einer Kurzschlußschutzeinrichtung ist nicht nur nach dem kleinsten Leiterquerschnitt, sondern auch nach den übrigen, vom Kurzschlußstrom durchflossenen Einrichtungen auszuwählen. Die Werte im ANHANG B, TABELLE B III, beziehen sich nur auf Leitungen mit PVC-Isolierung.
Natürlich darf die Ansprechsicherheit nicht vernachlässigt werden.

3) Für den Kurzschlußschutz in der Netzzuleitung muß der Hersteller die notwendigen Angaben machen abhängig von
   – Größe und Dauer des größten Anlaufstromes,
   – Staffelung nachgeschalteter Kurzschlußschutzorgane in der elektrischen Ausrüstung und
   – Begrenzung im Hinblick auf die Kurzschlußfestigkeit der elektrischen Ausrüstung.

Im übrigen kann man sich weitgehend auf die geläufigen Aussagen in DIN VDE 0100 Teil 430 stützen, die im wesentlichen mit DIN VDE 0113 Teil 1/ 02.86 übereinstimmen, siehe Erläuterungen zu ANHANG B. ANHANG B enthält eine Erweiterung gegenüber DIN VDE 0100 Teil 430:

Die Reduktionsformel

$$t_b < \left(\frac{I_m}{I_b}\right)^2 \cdot t$$

ist von Bedeutung für Kleinspannungs- und Steuerstromkreise, wenn der kleinste Kurzschlußstrom nicht den Minimalwert nach TABELLE B III erreicht. Doch ist dann zu prüfen, ob die Funktionssicherheit noch gegeben ist!

Zu 5.3   Überlastschutz

Ein Überlastschutz für Leitungen, wie in DIN VDE 0100 Teil 430 gefordert, wird in DIN VDE 0113 Teil 1/02.86 nicht verlangt. Die Querschnittswahl nach den Bestimmungen in Abschnitt 9.3.1 und nach ANHANG B TABELLE B II machen einen besonderen Überlastschutz entbehrlich.

Zu 5.3.1 Schutz von Motoren

Die bisher geltenden Bestimmungen werden fortgeschrieben und bezüglich der meßtechnischen Erfassung erweitert.

Alle Motoren der Ausrüstung sollten gegen die Auswirkungen von Überlast geschützt sein. Entsprechend Abschnitt 1.2 wird im Interesse einer langen Lebensdauer für Motoren über 1 kW, die bestimmungsgemäß im Dauerbetrieb laufen, der Überlastschutz zwingend vorgeschrieben. Der Grenzwert von 1 kW ergibt sich aus technischen und praktischen Überlegungen.

Mit Zustimmung des Betreibers darf die obligatorische Erfassung des Überlaststromes in allen Außenleitern auf z. B. eine oder zwei Phasen reduziert werden, siehe auch Frage 17 im Fragebogen ANHANG A. Das ist vor allem bei von Stromwandlern gespeisten Überstromschutzrelais denkbar, da hier die Auslösung in allen Phasen durch das Motorschaltgerät immer noch sichergestellt ist.

In einer Anmerkung geht DIN VDE 0113 Teil 1/02.86 auf die Fälle ein – ausführlicher als in der bisherigen DIN 57 113/VDE 0113/12.73 –, in denen der übliche Überstromschutz nicht ausreicht. Besser geeignete Überlastschutzeinrichtungen sind in die Wickelköpfe eingebaute Temperaturfühler oder Überstromschutzrelais mit thermischem Abbild.

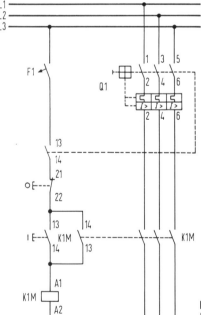

Bild 5.3.2. Anlaufverhinderung bei Bimetall-Abkühlung oder -Rückstellung

Zu 5.3.2 Selbsttätiger Wiederanlauf durch Schutzeinrichtungen (ohne Selbstsperrung)

Diese Bestimmung galt schon bisher.
Ein richtig dimensionierter Motor wird im bestimmungsgemäßen Betrieb nicht durch den Überlastschutz abgeschaltet. Das Abschalten ist daher immer die Folge von anormalen Betriebszuständen. Bei einem Überlastschutz ohne Selbstsperrung würde die Anormalität nicht rechtzeitig erkannt, schon deswegen sollte die Selbstsperrung die Regel sein.
Bei einfachen Maschinen ist das Abschalten eines Schützes in Selbsthaltung durch den Überstromschutz bereits geeignet, den gefährlichen selbsttätigen Wiederanlauf zu unterbinden, denn der Motor muß erneut von Hand gestartet werden. Besser ist die bewußte Aufhebung der Selbstsperrung durch Rückstellen des Überlastschutzes **(Bild 5.3.2)**. Damit ist auch die Unterscheidung zum Abschnitt 5.4 »Netzausfall« leichter möglich und vor allem bei automatisch ablaufenden Arbeitsprozessen von Bedeutung.
Ein Verzicht auf die Selbstsperrung ist analog zu Abschnitt 5.4 vom Standpunkt des Personenschutzes nur vertretbar, wo der selbsttätige Anlauf ohnehin vorgesehen ist, z. B. bei Kompressoren.

Zu 5.3.3 Schutz von Steckdosenstromkreisen

Dieser Abschnitt ist neu, inhaltlich aber gängige Praxis.
Gemeint sind Stromkreise für Steckdosen, die in DIN 49 400 aufgeführt sind. Die Last dieser Steckdosenstromkreise ist nicht vorhersehbar. Daher müssen sowohl die Steckdosen als auch die zuführenden Leitungen gegen die Auswirkungen von Überlast geschützt werden. Der Überlastschutz richtet sich nach ANHANG B der Norm. Meist dürften solche Steckdosenstromkreise auf das Innere von Schaltschränken begrenzt sein; es sind dann gegebenenfalls die Bestimmungen nach DIN VDE 0660 Teil 500 für typgeprüfte (TSK) oder partiell typgeprüfte (PTSK) Schaltgerätekombinationen zu beachten.
Weiterhin ist daran zu denken, daß diese Steckdosenstromkreise auch vor dem Hauptschalter abgegriffen werden können. Die zugehörigen Leitungen sind nach Abschnitt 10.1.4 von übrigen Stromkreisen getrennt zu verlegen, Klemmen usw. müssen nach Abschnitt 5.6.2.6 gegen zufälliges Berühren geschützt sein. Hinsichtlich sicherer Trennung siehe auch die Ausführungen zur Funktionskleinspannung (FELV) und zu DIN VDE 0106 Teil 101/11.86.

Zu 5.4 Schutz gegen selbsttätigen Wiederanlauf nach Netzausfall und Spannungswiederkehr

Die Anforderungen haben sich gegenüber DIN 57 113/VDE 0113/12.73 nicht geändert. Der frühere Abschnitt 5.3.3 wurde in den neuen Abschnitten 5.5 und 5.7 integriert.

Die Standardlösung zeigt Bild 5.3.2.

Die Forderung läßt sich durch Kompaktgeräte, **Bild 5.4**, problemlos auch bei kleinen Maschinen mit nur einem Hauptstromkreis erfüllen, z. B. Baustellenkreissägen.

Als Grundsatz gilt, daß nach einem Netzausfall die Maschine nicht selbsttätig anlaufen darf. Man sieht der Maschine ja nicht an, ob sie bewußt stillgesetzt wurde oder nur zufällig wegen fehlender Spannung stillsteht. Das Risiko, daß bei gespeichertem Startkommando die Maschine plötzlich anläuft, während gerade an ihr hantiert wird, ist zu groß.

Bei Ausfallzeiten im Bereich kleiner 1 s, siehe Schrecksekunde, sind Hantierungen ausgeschlossen. In diesen Fällen darf, wenn auch die Funktion der Maschine selbst nicht beeinträchtigt wird, der Aus-Befehl unterdrückt werden. Auf die Notwendigkeit, dieses Problem bereits bei Bestellung der Ausrüstung zu klären, weist Frage 18 im ANHANG A hin. Bei gewollten Aus-Befehlen durch Betriebs-Aus, Not-Aus und andere Steuergeräte darf diese Verzögerung nicht wirksam sein.

Auf die Verhinderung des Selbstanlaufes darf nur verzichtet werden, der Ein-Befehl also weiter anstehen, wenn der unerwartete Wiederanlauf keine Gefahr für Personen, Maschine oder Produktionsgut bedeutet, z. B. bei Kühlmittelpumpen, Kühlgebläsen, Umformern, Kompressoren.

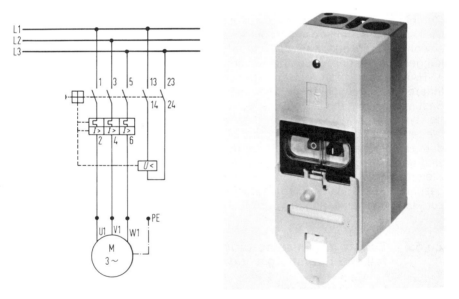

Bild 5.4. Sicheres Verhalten bei Spannungswiederkehr durch Motorschutzschalter mit Unterspannungsauslöser

Zu 5.5 Unterspannungsschutz

Die Forderung nach einem Unterspannungsschutz ist neu. In DIN 57 113/ VDE 0113/12.73 war im Abschnitt 5.3.3 nur ein versteckter Hinweis auf Störungen bei Spannungsrückgang. Die Schutzmaßnahmen konnten dort elektrischer oder mechanischer Art sein, etwa vergleichbar mit dem Abschnitt 5.7 in DIN VDE 0113 Teil 1/02.86.
Jetzt wird als Unterspannungsschutz praktisch ein Unterspannungsrelais mit einstellbarem Ansprechwert verlangt, das eine Ausschaltung aller spannungsempfindlichen elektrischen Betriebsmittel einleitet. So ist z.b. eine Elektronik in TTL-Technik wesentlich spannungsempfindlicher als in CMOS-Technik.
Schütze können im Rahmen ihrer Normen recht unterschiedliche Abfallwerte haben, **(Tabelle 5.5)**. Bei langsam sinkender Spannung, ohne daß die unteren Abfallwerte aller Schütze gleichzeitig unterschritten werden, könnte ein

Tabelle 5.5: Normierte Spannungsgrenzwerte für Betriebsmittel in der elektrischen Ausrüstung

Gerät	VDE-Bestimmung	untere	obere
		Spannungsgrenze bezogen auf Nennspannung	
Schütze anziehend abfallend	0660 Teil 102	0.85 0.10	1.10 0.75
Hilfsschütze anziehend abfallend	0660 Teil 203	0.85 0.10	1.10 0.75
Positionsschalter	0660 Teil 201 und Teil 206	–	1.10
Magnete	0580 DIN VDE 0113 Teil 1	0.90 0.85	1.05 1.10
Schwingmagnete	0580	0.95	1.05
Gleichrichter	0558	0.9	1.10
Steuer- transformator	0550 Teil 3 C	–	1.10
Glühlampen	–	nicht normiert	
Motoren	0530 Teil 1	0.95	1.05

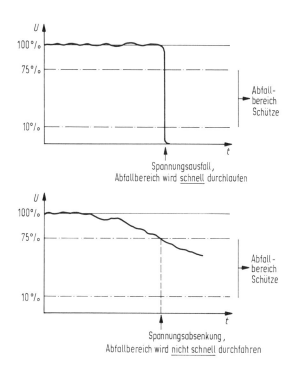

Bild 5.5. Unterspannungsschutz

unkontrollierter Zustand eintreten mit Gefahren für Personen, Maschine oder das Produktionsgut **(Bild 5.5)**. Ebenso könnte bei einem Motor das Kippmoment überschritten werden oder wegen starken Drehzahlabfalls das Werkzeug oder das Werkstück Schaden erleiden.

Zu 5.6 Not-Aus-Einrichtung und Hauptschalter

In DIN 57 113/VDE 0113/12.73 war diesen Einrichtungen ein eigener Abschnitt 6 gewidmet. Mit der Einreihung in Abschnitt 5 werden Not-Aus-Einrichtung und Hauptschalter in DIN VDE 0113 Teil 1/02.86 zu den Schutzmaßnahmen gezählt; allerdings und im Unterschied zu den vorherigen Schutzmaßnahmen bedürfen sie der Mitwirkung von Personen. Im Prinzip haben diese Einrichtungen zwei Aufgaben, die in bestimmten Fällen, z.B. bei vielen einfachen Maschinen, von einem einzigen Schaltgerät erfüllt werden können.
In der Fassung von VDE 0113/01.42 war der Hauptschalter mehr ein Not-Aus-Schalter im heutigen Sinne. Später wurde der Hauptschalter zu dem, was er

heute noch ist, eine Einrichtung zum »Freischalten«. Nur wenn die Betätigung des Hauptschalters zu Gefahren führte, mußte ein eigener Gefahrenschalter (VDE 0113/11.54) oder ein Befehlsgerät »Gefahr« in den Steuerstromkreisen (VDE 0113/01.64) vorgesehen werden.
Dieser historische Rückblick zeigt: eine besondere »Not-Aus«-Einrichtung war nur gefordert, **wenn** der Hauptschalter zur Not-Aus-Schaltung nicht geeignet war.
In **Bild 5.6 a** bis **d**, sind Schaltungsanordnungen dargestellt, in denen die Funktion der Not-Aus-Einrichtung, des Hauptschalters und das Zusammenspiel beider veranschaulicht wird.

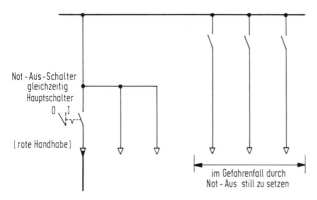

Bild 5.6 a. Hauptschalter gleichzeitig Not-Aus-Einrichtung nach Abschnitt 5.6.1 a

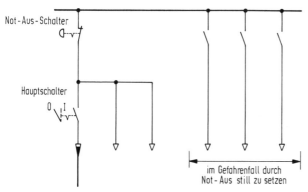

Bild 5.6 b. Besondere Not-Aus-Einrichtung nach Abschnitt 5.6.1 a

59

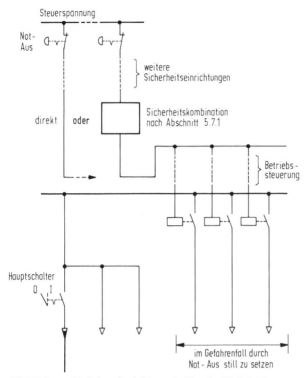

Bild 5.6 c. Not-Aus-Befehl nach Abschnitt 5.6.1 b

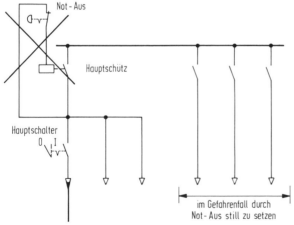

Bild 5.6 d. Hauptschütz als Not-Aus-Schalter nicht zulässig

Zu 5.6.1 Not-Aus-Einrichtung

»**Wenn** Gefahren ... entstehen können, müssen ... durch Betätigen von Not-Aus-Einrichtung gefährliche Teile ...**so schnell wie möglich** stillgesetzt werden.«
Was hat sich gegenüber DIN 57 113/VDE 0113/12.73 geändert?
1) Deutlicher ist jetzt das »Wenn« herausgestellt und
2) es wird nicht mehr verlangt, **sofort** stillzusetzen (denn dies könnte zusätzliche Gefahren auslösen), sondern »so schnell wie möglich«.

Zum »Wenn«:
Wer entscheidet darüber? Wer weiß, ob alle denkbaren Gefahren durch automatisch wirkende, verriegelte Sicherheitsvorkehrungen abgedeckt sind? Stand der Praxis dürfte sein, daß man international die Not-Aus-Einrichtung als Standard in jeder elektrischen Ausrüstung von Industriemaschinen anbietet.
Im deutschen Anwendungsbereich ist außerdem die Unfallverhütungsvorschrift »Kraftbetriebene Arbeitsmittel« (VBG 5) zu beachten [5.1]. Dort wird im Abschnitt 13 die Not-Befehlseinrichtung im Grundsatz immer verlangt. Sie kann entfallen,
»wenn gefahrbringende Bewegungen nur über Befehlseinrichtungen mit selbsttätiger Rückstellung in Gang gesetzt werden können, bei deren Freigabe diese gefahrbringenden Bewegungen stillgesetzt werden« (sogenannte Totmannschaltung),
»und
diese gefahrbringenden Bewegungen von Plätzen zum Betätigen der Befehlseinrichtungen übersehen werden können,«
ferner,
»wenn durch die Eigenart des Arbeitsmittels, des Arbeitsablaufs und die Betriebsweise die Gefährdungen gering sind«.
DIN VDE 0113 Teil 1/02.86 legt die Anforderungen für die elektrische Not-Aus-Einrichtung fest.
Mit dem umfassenden Begriff »Einrichtung« wird ausgedrückt, daß es nicht nur auf einen Schalter ankommt, sondern auch auf die zugehörige Steuerschaltung, Verriegelung, die Anordnung und Gestaltung der Handhabe, das Schaltvermögen, den Schutz im Fehlerfall.
»Not-Aus« ist kein automatischer Befehl, sondern wird von Personen gegeben, d. h., diese Schutzmaßnahme erfordert stets die Mitwirkung von Personen. Personen können im Gefahrfall nicht unterscheiden, was stillzusetzen ist. Sicherheitshalber müssen daher **alle** die Bewegungen und Arbeitsvorgänge stillgesetzt werden, deren Fortgang Gefahr bedeutet. Manche Zustände müssen dagegen fortbestehen, Bewegungen umgekehrt, Walzen abgehoben, Bremsungen eingeleitet werden, um potentielle Gefahren zu beseitigen bzw. bei Not-Aus keine zusätzlichen Gefahren herbeizuführen. Die Sicherheit von Personen ist natürlich immer höher zu bewerten als die der

Maschine oder des Produktionsgutes. Man muß jedoch damit rechnen, daß die Not-Aus-Einrichtung häufiger wegen eines Maschinenfehlers oder Gefahr für das Produktionsgut, vielleicht auch aus Bequemlichkeit betätigt wird, als bei Gefahren für Personen.
Zum Stillsetzen sind wie bisher die zwei Methoden a oder b anzuwenden.

Methode a
Diese Methode beschreibt die unmittelbare (und gleichzeitige) Einwirkung auf alle Hauptstromkreise derjenigen Antriebe/Verbraucher, die stillgesetzt werden müssen. Bisher war dies praktisch der Hauptschalter.
Der dazu benötigte Schalter kann handbetätigt oder fernbetätigt sein. Bei Handbetätigung wird Zwangsläufigkeit der Kontaktöffnung verlangt. Methode a gilt immer, wenn der Hauptschalter als Not-Aus-Einrichtung verwendet wird.
Das zuständige DKE-Komitee vertritt nach wie vor die Auffassung, daß für Methode a nur ein Leistungsschalter oder Leistungstrenner in Frage kommt, jedoch kein Schütz. Auch zwei Schütze in Reihe erfüllen nicht die Anforderungen der Methode a.

Methode b
Diese Methode wird wohl am häufigsten angewendet, wenn eine Not-Aus-Einrichtung benötigt wird. Neu ist die Betonung »durch einen einzigen Befehl«. Die zwangsläufige Unterbrechung durch das Befehlsgerät Not-Aus in Steuerstromkreisen in Verbindung mit Maßnahmen nach Abschnitt 5.7 soll sicherstellen, daß die mittelbare Einwirkung genauso zuverlässig auf die Hauptstrombahnen wirkt wie die unmittelbare Methode a.
Tabelle 5.6.1 zeigt Kombinationen des Betätigens und Schaltens nach Methode a und Methode b.

Tabelle 5.6.1: Not-Aus: Betätigen – Schalten

Betätigen \ Schalten	unmittelbar Methode a) = in Hauptstrombahn	mittelbar Methode b) = in Steuerstrombahn
unmittelbar = zwangsläufige Übertragung	Hauptschalter mit roter Handhabe	Taster mit rotem Pilz
mittelbar	Leistungsschalter mit Unterspannungsauslöser (= elektrische Zwischenglieder in Steuerstrombahn)	Schwellen, Reißleinen (mechanische Zwischenglieder) auf Positionsschalter, Grenzlagen- und Wegfühler einwirkend

Zu 5.6.1.2
Methode b ermöglicht auch weitere sicherheitstechnisch wichtige Maßnahmen, wie Einleitung der Gegenstrombremsung, Rückholbewegungen, Verriegelungen, Rückmeldung in elektronische Betriebsmittel (z. B. Speicher).

Zu 5.6.1.3
In IEC 204-1 und DIN VDE 0113 Teil 1/02.86 ist die Farbe Rot für die Handhabe und Gelb für die Unterlage nicht näher spezifiziert. Hierzu wird auf DIN VDE 0660 Teil 207/10.86 verwiesen.
Bei Verwendung des Hauptschalters als Not-Aus-Einrichtung wird an die Form der Handhabe keine besondere Anforderung gestellt. Auch für die Form der Pilzdruckknöpfe gibt es keine Norm. Weitere Anforderungen an das Befehlsgerät Not-Aus enthält Abschnitt 8.2 und DIN VDE 0660 Teil 207/10.86.
So wie beim Antrieb des Hauptschalters, der zugleich als Not-Aus-Einrichtung dient, und beim Befehlsgerät Not-Aus Zwangsläufigkeit der Kontaktöffnung verlangt wird, muß bei anderen mechanischen Übertragungseinrichtungen (Trittleisten, Reißleinen) eine der »Zwangsläufigkeit« gleichwertige Zuverlässigkeit der Befehlsübertragung gewährleistet sein.
Um zu verhindern, daß bei Fortbestehen der Gefahr infolge mangelnder Verständigung, z. B. bei größeren Maschinen mit mehreren Befehlsgeräten Not-Aus, unkontrolliert wieder eingeschaltet werden kann, wird verlangt, daß nach »Not-Aus« die Maschine erst wieder eingeschaltet werden darf, wenn alle betätigten Not-Aus-Bedienteile von Hand, d. h. vor Ort, zurückgestellt sind. Das Starten nach Not-Aus (gemäß Abschnitt 6.2.7) muß zu den unter Abschnitt 6.2.6 genannten Bedingungen vorgenommen werden.

Zu 5.6.2 Hauptschalter

Im Gegensatz zur Not-Aus-Einrichtung muß ein Hauptschalter immer vorgesehen werden. Der Hauptschalter entspricht der Hauptbefehlseinrichtung nach der Unfallverhütungsvorschrift VBG 5, § 12 [5.1]. Gegenüber DIN 57 113/VDE 0113/12.73 haben sich nur wenige Änderungen ergeben.
Der Hauptschalter ermöglicht dem Bedienungs- und Instandhaltungspersonal die elektrische Ausrüstung sicher vom Netz zu trennen, gleichwertig dem »Freischalten« durch elektrotechnische Fachkräfte.
Der Hauptschalter muß in der Zuleitung vom Netz zur elektrischen Ausrüstung liegen. Er muß folglich nicht unbedingt körperlich in der Maschine selbst oder in ihrem Schaltschrank eingefügt sein, er kann auch getrennt davon in der Zuleitung montiert sein. Selbstverständlich muß er der Maschine oder ihren Funktionseinheiten unverwechselbar zugeordnet sein. Dies sollte in den Technischen Unterlagen gemäß Abschnitt 3.2 vermerkt werden, genauso, wer den Hauptschalter liefert.
Besteht die Maschine aus mehreren Funktionseinheiten, jede mit einer eigenen, zugeordneten elektrischen Ausrüstung, so kann alternativ

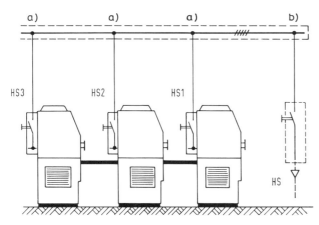

Bild 5.6.2. Hauptschalter a für jede Einzelmaschine oder ein Hauptschalter b für eine Maschinengruppe

– jede Funktionseinheit mit einem eigenen Hauptschalter ausgestattet sein oder
– in der gemeinsamen Zuleitung ein einziger Hauptschalter eingefügt sein **(Bild 5.6.2)**.

Als Funktionseinheit mit eigenem Hauptschalter wird ein der Maschine zugeordneter elektrischer Datenspeicher zu betrachten sein. Dieser Speicher muß nicht bei jeder Instandhaltung an der Maschine vom Netz getrennt werden.

Schalterarten
Neben den bisher üblichen Schalterarten
– Lasttrennschalter und
– Leistungsschalter
ist jetzt auch der
– Trennschalter mit (vorauseilendem) Hilfskontakt als Beispiel genannt. Über den Hilfskontakt müssen alle nachgeschalteten Schütze entregt werden, siehe Abschnitt 6.2.5 b »Halt«. Die Last wird abgeworfen, bevor die Hauptkontakte des nun stromlosen Trenners öffnen.

Für die geforderten **Trennereigenschaften** ist maßgebend die IEC-Publikation 408, davon abgeleitet DIN VDE 0660 Teil 107.
Die Trennmöglichkeit mittels **Steckvorrichtung** statt durch Schalter ist begrenzt auf Maschinen mit Nennströmen bis 16 A (leichte Handhabung der Steckvorrichtung) und eine Gesamtmotorleistung bis 2 kW (kleine Maschine). Der Einsatz von Steckvorrichtungen anstelle von Schaltern ist damit stärker eingeschränkt als bisher in DIN 57 113/VDE 0113/12.73.

Tabelle 5.6.2: Farbe der Hauptschalter – Handhabe

	Funktion des Hauptschalters	Farbe der Handhabe
1	gleichzeitig Not-Aus	rot
2	kann **und** darf Not-Aus-Funktion übernehmen (Wenn Not-Aus-Befehlsgerät vorhanden)	rot
3	darf **nicht** Not-Aus-Funktion übernehmen	schwarz grau

Neu ist und endlich klargestellt, daß Hauptschalter ohne Not-Aus-Funktion auch keine rote Handhabe haben dürfen **(Tabelle 5.6.2)**. Die zu Rot alternative Farbe sollte aus ergonomischen Gründen im ganzen Betrieb einheitlich gewählt werden.
Ist der Hauptschalter zugleich Not-Aus-Einrichtung, entfällt die Beschriftung »Hauptschalter« und »Not-Aus«. Dann ist die rote Handhabe mit gelber Unterlegung das einzige Erkennungsmerkmal.

Zu 5.6.2.2
In IT-Netzen **muß**, in TN-S-Netzen **darf** der N-Leiter zusammen mit den Außenleitern L1, L2, L3 getrennt werden. In manchen Ländern wird auch in TN-S-Netzen die Trennung des N-Leiters zusammen mit den Außenleitern vorgeschrieben. Dies bedeutet, daß in Drehstromzuleitungen alternativ drei- oder vierpolige Hauptschalter verwendet werden können. Die Benutzung von

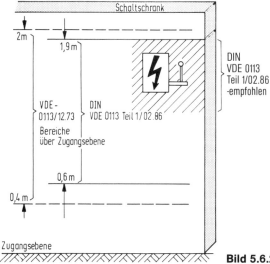

Bild 5.6.2.4. Hauptschalteranordnung

N-Leitern in der Netzzuleitung ist gemäß Abschnitt 4.3.2 nur mit Zustimmung des Betreibers erlaubt.
Für Wechselstrom-Anschlüsse mit L_1- und N- oder L_1- und L_2-Leitern genügt ein zweipoliger Schalter, in TN-S-Netzen mit vorstehender Einschränkung ein einpoliger Schalter im festverlegten L_1-Leiter.

Zu 5.6.2.4
Die Handhabe des Hauptschalters muß zwischen 0,6 und 1,9 m über der Zugangsebene liegen; bisher lag der Bereich zwischen 0,4 und 2 m. Gelten die »zusätzlichen Anforderungen« des Betreibers, muß der Hauptschalter im rechten oberen Teil der Schaltgerätekombination eingebaut werden **(Bild 5.6.2.4)**. Die Handhabe kann sich wahlweise auf der Frontseite oder der Seitenwand befinden. Geräte dürfen darüber nicht angeordnet werden. Siehe auch Kommentar zu Abschnitt 7.2.4.

Zu 5.6.2.5 und 5.6.2.6
Klar ist herausgestellt,
– welche Stromkreise vor dem Hauptschalter von der Netzzuleitung abgezweigt werden dürfen (Kleinspannung ist nicht mehr Kriterium),
– daß sie an ihren Anschlußstellen gegen zufälliges Berühren geschützt sein müssen (außer bei Kleinspannungen, die aus vom Hauptnetz sicher getrennten Quellen gewonnen werden, z. B. aus Sicherheitstransformatoren nach DIN VDE 0551),
– daß sie von Leitern anderer Stromkreise getrennt werden müssen, siehe hierzu Abschnitt 10.1.4.

Die Art der Trennung ist nicht festgeschrieben. Neben der räumlichen Trennung ist sicher auch eine durch Art und Farbe auffallende Isolierung geeignet, die diese Stromkreise optisch unterscheidbar macht von der übrigen Verdrahtung eines Leitungskanals. Damit soll die Fachkraft bei Instandhaltungsarbeiten gewarnt werden, daß diese Leitung wahrscheinlich noch unter Spannung steht.
Bild 5.6.2.5 gibt einen Überblick über solche Stromkreise vor dem Hauptschalter.
Vermißt wird in DIN VDE 0113 Teil 1/02.86 ein Hinweis auf die festen Anschläge für die Stellungen I und 0. Eine solche Forderung kann jedoch abgeleitet werden aus Abschnitt 8.2.1; denn ohne Anschläge wäre durch Überdrehen ein unbeabsichtigtes Einschalten möglich.
Eine Verriegelung der Schaltschranktür mit dem eingelegten Hauptschalter ist nicht zwingend verlangt. Dies ist jedoch eine der möglichen Alternativen der Schutzmaßnahmen gegen direktes Berühren, siehe Abschnitt 5.1.1.1 b.
Nach wie vor ist es in das Belieben von Hersteller und Betreiber gestellt, ob eine oder mehrere Verschlußmöglichkeiten in der AUS-Stellung vorzusehen sind.

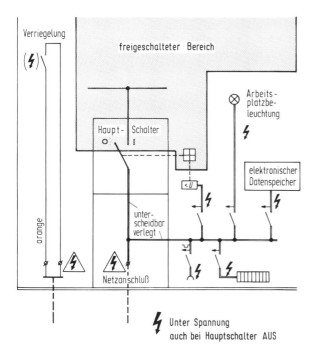

Bild 5.6.2.5. Unter Spannung, auch wenn Hauptschalter AUS

Zu 5.7 Schutz im Fehlerfall

Einführung

Dieser **neue** Abschnitt ist ebenso weitreichend wie allgemein gehalten. Bereits in VDE 0113/11.54 gab es einen Hinweis, daß das Durchschmelzen der Steuersicherung keine Gefährdung mit sich bringen darf. Auch DIN 57 113/VDE 0113/12.73 forderte in Abschnitt 5.3.3:

»... Maßnahmen..., wenn bei Störungen (z. B. durch Leiterbruch, Spannungsausfall oder -rückgang) Schütze oder Relais entregt werden.«

Die Forderung des 1. Satzes in Abschnitt 5.7 der neuen Norm:
»Wenn ein **Fehler** ...
Gefahrenzustände verursachen kann, müssen
Maßnahmen ... getroffen werden, ...«,
zwingt unausgesprochen zu folgenden Überlegungen:
a) Welche Fehler in der elektrischen Ausrüstung sind zu betrachten?
b) Welche Gefahrenzustände werden ausgelöst?
c) Mit welchen Maßnahmen werden die Gefahrenzustände beherrscht?

67

Da hier nur die nichtelektrischen Gefahrenzustände gemeint sind – elektrische werden in den Abschnitten 5.1 bis 5.3 behandelt –, kann der Lieferant der elektrischen Ausrüstung diese kaum allein ausreichend bewerten. Hier muß der Maschinenkonstrukteur entsprechend dem jeweils vertretbaren Risiko mitentscheiden, welche Maßnahmen zu treffen sind.
In die Überlegungen sind einzubeziehen:
– das maschinenbauliche Konzept,
– für die Maschinenart bestehende Unfallverhütungsbestimmungen,
– betriebliche Erfordernisse.
Dem Qualitäts- und Sicherheitsnachweis dienlich wäre, in der Technischen Dokumentation nach Abschnitt 3.2 alle wesentlichen Details dieser drei Randbedingungen festzuhalten.

Allgemein gültige Schaltungsrezepte, wie die Grundforderung des Abschnittes 5.7 zu erfüllen ist, gibt es nicht. Jedoch zeichnen sich Vorgehensweisen ab, wie man zu befriedigenden Lösungen kommen kann.
Wenn Sicherheitsstromkreise verwendet werden, sollten diese im Stromlaufplan besonders gekennzeichnet werden.

a) Fehlerbetrachtung
Eine Fehlerbetrachtung ist immer erforderlich, auch wenn in DIN VDE 0113 Teil 1 nicht ausdrücklich verlangt. In Anlehnung an andere Regelwerke [5.2, 5.3] läßt sich das Thema Fehlerbetrachtung wie folgt beschreiben:
Zu unterscheiden ist zwischen inneren und äußeren Fehlern, passiven und aktiven Bauelementen.

Innere Fehler

Fehlerart	Beispiele
Bauelementfehler	Schlüsse oder Unterbrechungen in Widerständen in Kondensatoren in diskreten und integrierten Halbleiterbauelementen in Leuchtmeldern in elektromechanischen Bauelementen (Verstellmotoren usw.) Hardwarefehler in integrierten Bauelementen
Fehlerhaftes Schwingen von Schaltkreisen	angeregt durch Phasenanschnittsteuerung
Unterbrechung des Strompfades (Verlust der Leitfähigkeit)	Drahtbruch, lockere Klemmstelle, mangelhafte Steck- oder Lötverbindung

Innere Fehler (Fortsetzung)

Fehlerart	Beispiele
Leiterschluß Körperschluß Erdschluß	Kontakte werden überbrückt
Kurzschluß	wenn Ausschaltzeit für sichere Funktion zu lang
mechanisches Versagen	Schütze, Relais, Magnetventile, fallen nicht ab ziehen nicht an

Äußere Fehler

Unterbrechung der Stromversorgung	Kurzunterbrechung, Fehlen der Energie für Gegen- maßnahmen, Verlust von gespeicherten Informationen
Spannungsabsenkung Frequenzabsenkung	unter die Toleranzgrenzen der elektrischen Ausrüstung
Leitungsgebundene Beeinflussungen	Verzerrung der Spannungskurve
Nicht leitungsgebun- dene Beeinflussungen	Felder, Betauung
Ionisierende Strah- lung, UV-Strahlung	Einfluß auf Mikroelektronik und EPROM's

Diese Aufzählung kann nicht vollständig sein. Bei diesen Fehlern handelt es sich um **Zufalls**fehler.
Fehler aufgrund falscher Auslegung, falscher Auswahl, falscher Programmie- rung, falscher Bemessung usw. sind als **systematische Fehler** einzustufen. Dagegen helfen nur die Maßnahmen der Qualitätssicherung bzw. der Quali- tätskontrolle.
In Anlehnung an andere Regelwerke dürfen bestimmte Fehler in der Fehlerbe- trachtung vernachlässigt werden, wenn man sie wie folgt begründet aus- schließen kann.

a.1) Fehlerbetrachtung bei passiven Elementen

Als passive Elemente gelten Leitungen, Klemmen, Spulen, Transformatoren, Widerstände und Kondensatoren. Bei diesen passiven Elementen braucht ein Funktionsversagen, das eine sicherheitstechnisch notwendige Aktion verhindert, meist nicht unterstellt zu werden. Voraussetzung ist, daß diese Elemente entsprechend dimensioniert werden, abhängig von den zu erwartenden Spannungen, Strömen, Frequenzen (Oberwellen), Umgebungstemperaturen, Feuchtigkeitsbelastungen, elektromagnetischen Feldern, Erschütterungen, Verschmutzungen.

Tritt dennoch durch Einwirkungen jenseits der festgelegten Randbedingungen (extreme Temperatur, Gewalt) ein Fehler auf, wird er bei diesen passiven Elementen häufig als Kurzschluß, Erdschluß oder Isolationsfehler selbsttätig erfaßt. Ob sofort abgeschaltet wird, ein erneuter Start verhindert wird oder der Fehler nur gemeldet wird, hängt vom jeweiligen Anwendungsfall ab.

Ein Schluß zwischen zwei Leitern (z. B. Hin- und Rückleitung zu einem Positionsschalter) ohne Erdberührung bzw. Berührung mit Körpern wird in Starkstromsteuerungen nicht unterstellt **(Bild 5.7 a)**, wenn insbesondere die Leitung mechanisch geschützt und der Schutzart gerecht in die Gehäuse eingeführt wird.

Läßt sich ein solcher Fehlerausschluß nicht rechtfertigen, ist eine zweipolige Ausschaltung notwendig **(Bild 5.7 b)**. Hier kann nur noch das gleichzeitige Fehlerereignis »①« zu einer Fehlsteuerung führen. Im allgemeinen wird diese Gleichzeitigkeit nicht unterstellt. Das (äußere) Ereignis, das eine solche Fehlerkombination herbeiführt, führt mit größter Wahrscheinlichkeit auch noch zu den Fehlerereignissen »②« bis »④«, damit zum Kurzschluß mit Abschaltung und zu einer Störungsmeldung.

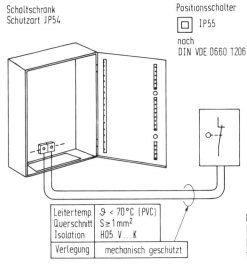

Schaltschrank
Schutzart JP54

Positionsschalter

▢ IP55

nach
DIN VDE 0660 T206

Leitertemp.	ϑ < 70°C (PVC)
Querschnitt	S ≥ 1 mm²
Isolation	H05 V...K
Verlegung	mechanisch geschützt

Bild 5.7 a.
Beispiel für Fehlerausschluß beim passiven Element »Leitung«

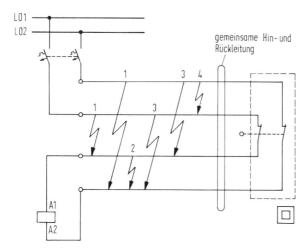

Bild 5.7 b. zwei-polige Steuerung, Fehlerbetrachtung

einmal Fehler   1   ungefährlich

zweimal Fehler   1   verhindert Abschaltung

Fehlerart   2   führt zum Kurzschluß   ⎫   damit in die
                                                    sichere Richtung
Fehlerart   3   führt zum Kurzschluß   ⎬   nach
                                                    DIN VDE 0113 Teil 1,
Fehlerart   4   führt zum Kurzschluß   ⎭   Abschnitt 5.7.2

a.2) Fehlerbetrachtung bei aktiven Elementen
Als **aktive** Elemente gelten alle, die mit zugeführter Energie Zustandsände-
rungen erfahren:
– Schalter,
– Schütze, Ventile,
– Verstärker,
– Umformer/Modulatoren,
– Lagefühler, Sensoren,
– (Meß-)Relais.

Bei aktiven Elementen ist ein Funktionsversagen zu unterstellen. Das Funktionsversagen muß entweder
– sicherheitsgerichtet wirken oder
– die aktiven Elemente müssen so zuverlässig gebaut werden, daß das Funktionsversagen
  – frühzeitig durch Prüfhandlungen oder
  – durch Selbstüberwachung
  erkannt werden kann.

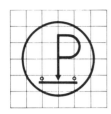 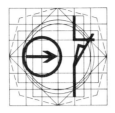

links: national

rechts: IEC (Vorschlag)

Bild 5.7 c. Symbol für zwangsöffnende Positionsschalter •

Ein Funktionsversagen durch Zufallsfehler braucht nicht unterstellt zu werden bei
- Hauptschaltern nach DIN VDE 0660 Teil 101 (Leistungsschalter) mit Not-Aus-Funktion,
- Not-Aus-Befehlsgeräten nach DIN VDE 0660 Teil 207/10.86,
- Positionsschaltern mit Zwangsöffnung nach DIN VDE 0660 Teil 206/10.86.

Bild 5.7 c zeigt das Symbol.

Ein Versagen durch Zufallsfehler braucht ebenfalls nicht unterstellt zu werden bei
- berührungslos wirkenden Positionsschaltern für Sicherheitsfunktionen nach DIN VDE 0660 Teil 209 (Entwurf).

Zitat aus DIN VDE 0660 Teil 209 (Entwurf):
»Diese Norm gilt in Verbindung mit DIN VDE 0660 Teil 200 für berührungslos wirkende Positionsschalter für Sicherheitsfunktionen, die eine vergleichbare Sicherheit haben wie mechanische Positionsschalter nach DIN VDE 0660 Teil 206.«

Zitat aus VDE 0116/03.79, Abschnitt 8.7.5:
»Einzelne Geräte gelten als fehlersichere Funktionseinheiten, wenn entsprechend den Normen nach Abschnitt 1.2.3 oder durch Baumusterprüfung unter Ansatz der Fehlerbetrachtung nach Bild 2 der Nachweis geführt wird, daß im Fehlerfall nur Signale ausgegeben werden, die als sicher definiert sind.«

b) Gefahrenzustände

DIN VDE 0113 Teil 1/02.86 beschreibt keine nichtelektrischen Gefahrenzustände, die aus dem Arbeitsprozeß der Maschine entstehen können. Solche Gefahrenzustände können von Eintrittswahrscheinlichkeit und Ausmaß der Gefährdung sehr unterschiedlich sein.

Solche Gefahrenzustände festzulegen und daraus Anforderungen an die elektrische Ausrüstung abzuleiten, ist Aufgabe der Institutionen, die sich mit der Unfallverhütung befassen, z.B. der Gewerbeaufsicht und der Berufsgenossenschaften.

c) Maßnahmen

Beispielhaft, aber wertfrei werden in DIN VDE 0113 Teil 1/02.86 vier Maßnah-

72

men genannt, wie man Gefahrenzustände vermeiden kann, die durch Fehler in der elektrischen Ausrüstung entstehen können. Selbstverständlich sind noch andere Maßnahmen, insbesondere bei der elektronischen Steuerung, z. B. Fehlererkennungsteste, Anlauftestung, anwendbar.

Welche Maßnahmen zu ergreifen sind und welches Verhalten im Fehlerfall erforderlich ist, kann jedoch nur maschinenspezifisch und in Abhängigkeit von der jeweiligen Gefährdung entschieden werden.

Im allgemeinen ist bei Starkstromsteuerungen davon auszugehen, daß nur ein einzelner Fehler samt Folgefehler in einem System zu beherrschen ist (Einfehlerkriterium). Die Erfahrung zeigt aber auch, daß häufig ein verborgener Fehler erst in Erscheinung tritt, wenn eine Funktion angefordert wird oder wenn ein weiterer Fehler hinzukommt. Der Schutz im Fehlerfall muß auch dann gegeben sein. Andernfalls muß das Gerät so ausgelegt sein, daß schon der erste Fehler selbsttätig gemeldet wird.

Wenn zwei oder mehr von einander unabhängige Fehler zu beherrschen sind, ist dies besonders zu vereinbaren und in der Technischen Dokumentation auszuweisen. Dann werden in der Regel auch mehrere »Maßnahmen« kombiniert werden müssen.

c.1) Mechanische Sicherheitsvorkehrungen an der Maschine
Die **erste Maßnahme** ist nichtelektrischer Art und bedarf im Rahmen dieser Norm keiner Erörterung. Allerdings werden diese mechanischen Maßnahmen meist mit der elektrischen Steuerung verknüpft, z. B. über Positionsschalter, die der Sicherheit dienen. Bei diesen Maßnahmen werden insbesondere Abschnitt 5.7.2 (3. Bindestrich) und Abschnitt 6.2.4.7 zu beachten sein. Beispiel einer Zugangsverriegelung zeigt Bild 6.2.4.7.

c.2) Ordnungsgemäße Verriegelung der elektrischen Stromkreise, die mechanische Bewegungen steuern
»Verriegelung« kann hier gleichbedeutend mit »Verknüpfen« oder »Kopplung« stehen.

Diese **zweite Maßnahme** kann sowohl direkt im Hauptstromkreis als auch im Steuerstromkreis wirken.

Ein Beispiel für die Einwirkung im Hauptstromkreis zeigt **Bild 5.7 d**. Eine solche Anordnung würde z. B. die Anforderungen erfüllen, die im Abschnitt 6.2.4.6 gestellt sind, wenn die betriebsmäßige Abstellfunktion versagt.

In Steuerstromkreisen zur betriebsmäßigen Ein- und Aussteuerung der Antriebsenergie durch Leistungsschütze oder Ventile werden zusätzliche Sicherheitseinrichtungen eingefügt. Solche Sicherheitseinrichtungen sind z. B.
– Not-Aus-Befehlsgeräte,
– Positionsschalter, Wegfühler, die der Sicherheit dienen,
– Bimetallrelais,
– Druck- oder Temperaturbegrenzer usw.

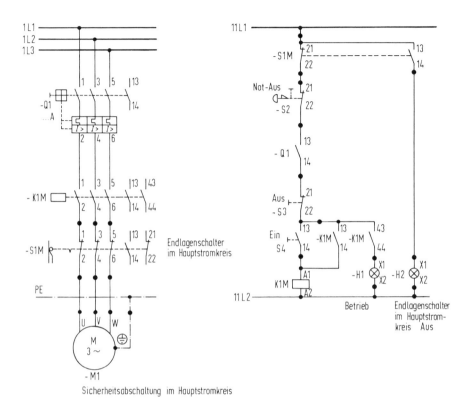

Bild 5.7 d. Sicherheitsabschaltung im Hauptstromkreis

Diese Sicherheitseinrichtungen geben in ihrer Grundstellung den Ein- oder Start-Befehl frei (siehe Abschnitt 6.2.6). Bei Betätigung bzw. Anregung durch den eingestellten Grenzwert entregen diese Sicherheitseinrichtungen das Leistungsschütz und/oder das Ventil und begrenzen damit die gefährlichen Zustände zeitlich und örtlich.

Bild 5.7 e zeigt eine typische Verriegelungsschaltung. Die Fehlerbetrachtung dieser Schaltung führt zu dem Ergebnis, daß alle denkbaren elektrischen Fehler (Kurzschluß, Erdschluß, Leitungsunterbrechung, Spannungsausfall, Ansprechen einer Sicherung) sicherheitsgerichtet wirken, also so, als ob die Sicherheitseinrichtung das Leistungsschütz, das Ventil entregt und damit den Stillstand herbeiführt.

In der Fehlerbetrachtung bleibt folgendes Restrisiko:

das Hauptstromschütz oder das Ventil klemmt und fällt nicht ab, der Antrieb läuft weiter.

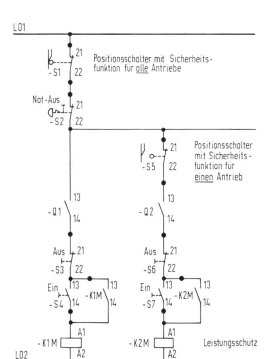

Bild 5.7 e. Sicherheitsabschaltung im Steuerstromkreis

Das Versagen von Schützen oder Ventilen, die betriebsmäßig regelmäßig betätigt werden, würde schon im normalen, ungestörten Betrieb auffallen. Das Zusammentreffen eines solchen Fehlerereignisses gleichzeitig mit der Entregung durch eine Sicherheitseinrichtung darf daher als genügend unwahrscheinlich unterstellt werden. Wenn in bestimmten kritischen Fällen solches Restrisiko nicht toleriert werden kann, müßten zwei Leistungsschütze oder zwei Ventile in Reihe geschaltet werden. In diesem Fall ist es jedoch sinnvoll, auch die Ansteuerung redundant auszuführen.
Wenn bei den betrachteten Fehlern das Maschinenteil ungebremst auslaufen und damit Gefahrenzustände hervorrufen würde, wären weitere Maßnahmen vorzusehen, z. B. Gegenstrombremsung oder Zuhaltung von Schutzvorrichtungen. Diese Zuhaltung darf nur in Arbeitsstromschaltung die Schutzvorrichtung freigeben (siehe Abschnitt 5.7.2, dritter Bindestrich).

c.3)Zusätzliche Stromkreise, die der Sicherheit dienen
Die **3. Maßnahme** ist das Vorsehen »zusätzlicher Stromkreise, die der Sicherheit dienen«. Diese besonderen Stromkreise werden an anderen Stellen auch Sicherheitsstromkreise bzw. spezielle Stromkreise genannt.

In den Abschnitten 5.7.1 und 5.7.2 sind Anforderungen festgelegt, die sich nur auf diese zusätzlichen Stromkreise beziehen, die der Sicherheit dienen. Für andere Stromkreise, z. B. Verriegelungsstromkreise, die häufig auch Sicherheitsfunktionen haben, werden die Anforderungen nach den Abschnitten 5.7.1 und 5.7.2 nicht erhoben.

Als zusätzliche Stromkreise gelten nur solche, die im normalen, ungestörten Arbeitsablauf keine Betriebsfunktion haben. Sie werden erst wirksam, wenn die normale Betriebssteuerung versagt und dadurch Gefahrenzustände ausgelöst werden. Sie werden dort angewendet, wo die Auswirkungen eines Fehlers besonders gravierend sein können, z. B. beim Überfahren eines vorgegebenen Weges; siehe Abschnitt 6.2.4.6.

Für andere Stromkreise, z. B. Verriegelungsstromkreise, die auch Sicherheitsfunktion haben, aber nicht als Sicherheitsstromkreise bezeichnet werden, können die Anforderungen nach den Abschnitten 5.7.1 und 5.7.2 ebenfalls sinnvoll sein.

Im Prinzip sind diese zusätzlichen Stromkreise, die der Sicherheit dienen, auch wie andere Steuerstromkreise aufgebaut. Allerdings befinden sich nur solche Sicherheitseinrichtungen, die betriebsmäßig nicht angefahren oder betätigt werden, in diesen Stromkreisen.

Solche Sicherheitseinrichtungen können sein:
– Not-Aus-Befehlsgeräte nach Abschnitt 5.6.1 b,
– Wegfühler nach Abschnitt 8.1.4,
– Temperatur- und Druckbegrenzer,
– Unterspannungsschutzeinrichtungen gemäß Abschnitt 5.5.

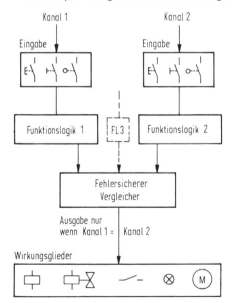

Bild 5.7 f.
Redundante (2kanalige) Steuerung für ein Wirkungsglied

76

c.4) Vorsehen von Redundanz

Die **4. Maßnahme** kann sowohl Redundanzen von Steuerstromkreisen betreffen als auch eine diversitäre Redundanz, bei der z.B. ein Aus-Befehl über Steuerstromkreise, ein weiterer Aus-Befehl direkt in den Hauptstromkreis wirkt, ähnlich dem Beispiel zur 2. Maßnahme mit einer sicherheitsgerichteten Ausschaltung im Hauptstromkreis.

Redundanz ist das Vorsehen von mehr Steuer- bzw. Antriebssträngen, als zur Erfüllung einer Funktion benötigt wird. Redundant können Betriebsstromkreise, Sicherheitsstromkreise, Steuerspannungsquellen, aber auch Sicherheitseinrichtungen sein.

Letztlich wird jede noch so redundant aufgebaute Steuer- und Regelstrecke in ein gemeinsames Wirkungsglied (Schütz, Ventil, Motor) des Arbeitsprozesses münden **(Bild 5.7 f)**. Wie weit man den redundanten Aufbau treibt, hängt von der Fehlerbetrachtung, dem Restrisiko ab. Oft genügt für ausfallkritische Bauelemente oder Baugruppen eine partielle Redundanz.

Wesentlich ist die Anmerkung zur »Maßnahme Redundanz von Steuerstromkreisen«, wonach die Redundanz auch mit einer Überwachung ausgestattet sein muß.

Zu 5.7.1   [Einsatz von Hilfsschützen]

Die am Ende eines Sicherheitsstromkreises liegenden Hilfsschütze wirken nicht direkt auf Hauptstromkreise, sondern setzen den Befehl in andere Steuerebenen um. Diese Schütze sind in der Fehlerbetrachtung der Schwachpunkt, da ihr Versagen die gesamte Sicherheitskette unwirksam machen könnte. Daher wird in Abschnitt 5.7.1 eine redundante Schaltung dieser Hilfsschütze verlangt, derart, daß auch bei Fehlfunktion eines Hilfsschützes der Sicherheitsstromkreis in der Wirkungsrichtung: »Verhüten, Beseitigen des Gefahrenzustandes« wirksam bleibt. Die hierfür in der Literatur angegebene Schaltung, **Bild 5.7.1 a**, die voll dem Wortlauf des Abschnittes 5.7.1 entspricht, hat sich in der Praxis nicht immer als so zuverlässig erwiesen; daher werden in Deutschland häufig Schaltungen nach **Bild 5.7.1 b** oder **Bild 5.7.1 c** angewendet. Diese Schaltungen haben den Vorteil, daß für die Schütze K 01, K 02 und K 03 normale Schütze auch unterschiedlicher Fabrikate und solche mit zwangsgeführten Kontakten eingesetzt werden können.

Betrachtet man das Ziel der Aussage des Abschnittes 5.7.1, daß im Falle eines Fehlers in einem Hilfsschütz der Sicherheitsstromkreis wirksam bleibt, wäre denkbar, das Ziel auch auf anderem Wege zu erreichen. Allerdings muß dann ein entsprechender Nachweis geführt werden, daß mindestens die gleiche Sicherheit wie bei der hier skizzierten klassischen Schaltung erreicht wird. Es reicht aus, die automatische Überprüfung immer dann durchzuführen, wenn die Steuerspannung zugeschaltet wird.

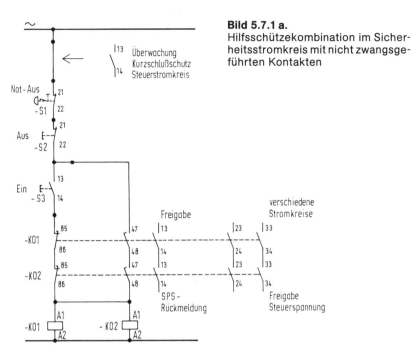

Bild 5.7.1 a.
Hilfsschützekombination im Sicherheitsstromkreis mit nicht zwangsgeführten Kontakten

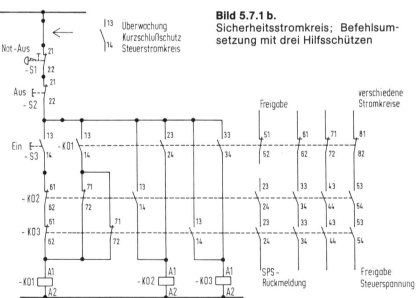

Bild 5.7.1 b.
Sicherheitsstromkreis; Befehlsum-
setzung mit drei Hilfsschützen

78

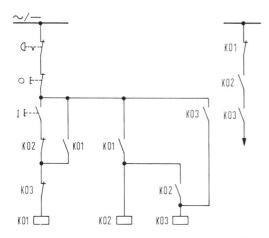

Bild 5.7.1 c. Kontaktsparende Variante zu 5.7.1 b

Zu 5.7.2 [Sicherer Zustand im Fehlerfall]

Bei der Auswahl der einzelnen Maßnahmen für die Überwachung des Sicherheitsstromkreises sind auch die Folgen zu bedenken.
Ist es sinnvoll, beim Auftreten eines Fehlers in einem zusätzlichen Sicherheitsstromkreis die Maschine mitten im Arbeitsprozeß »sofort« stillzusetzen, wenn die betriebliche Steuerung nicht aus der gleichen Ursache versagt? Man könnte die Steuerung auch so konzipieren, daß die betriebsmäßigen Sicherheitsmaßnahmen wirksam bleiben und der Arbeitsprozeß noch zu Ende geführt werden kann. Dann erst ist der neue Zyklus-Start zu blockieren. Solange der Sicherheitsstromkreis gestört ist, muß durch Schutzeinrichtungen, z. B. im Sinne der Unfallverhütungsvorschrift »Kraftbetriebene Arbeitsmittel« [5.1], der Zugang zu Gefahrenstellen blockiert bleiben. Bild 6.2.4.7 zeigt Schaltung und Ansicht einer solchen Sicherheitsverriegelung.
Ein Netzausfall macht aktive Gegenmaßnahmen unwirksam, z. B. Gegenstrombremsung. Der Ausfall des Netzes selbst darf also ebenfalls keinen Gefahrenzustand herbeiführen. Die Gleichzeitigkeit von Netzausfall und Versagen durch zufällige Fehler in der elektrischen Ausrüstung braucht in der Regel nicht unterstellt zu werden. Der Netzausfall während des Betriebes muß aber als wahrscheinliches Störereignis bei der Auslegung der Maschine und ihrer elektrischen Ausrüstung berücksichtigt werden.

Zu 5.8   Beeinflussungen durch Störfelder

Zu 5.8.1

Die elektrische Ausrüstung ist Quelle von Störfeldern und Störspannungen. Statt Verweise auf Funk-Entstörspannungen und Funk-Entstörgrade werden jetzt internationale Richtlinien angegeben, in denen die zulässigen Grenzen und Meßmethoden für Hochfrequenzstörspannungen angegeben werden. Der Nachweis, daß diese Grenzen eingehalten werden, ist vom Hersteller zu erbringen, entweder durch eigene Nachweise oder durch Einschaltung einer unabhängigen Prüfstelle (z. B. VDE-Prüfstelle, TÜV).

Zu 5.8.2

Die elektronische Ausrüstung unterliegt in besonderen Maßen den Einflüssen von außen kommender Störfelder und Störspannungen. Die unter den »Anmerkungen« angegebenen Abhilfe-Empfehlungen werden in der Literatur unter dem Stichwort »elektromagnetische Verträglichkeit« behandelt.

Zu 6 Steuer- und Meldestromkreise

Zu 6.1 Speisung und Schutz von Steuer- und Meldestromkreisen

Zu 6.1.1 Anwendung von Transformatoren

Bereits in der Bestimmung VDE 0113/11.54 waren Steuertransformatoren empfohlen worden bei mehr als zwei Motoren oder umfangreichen Steuerungen, in DIN 57 113/VDE 0113/12.73 bei mehr als fünf Wirkungsgliedern. Diese Empfehlung hat auch IEC 204-1 (2) übernommen. CENELEC hat die IEC-Empfehlung in eine Forderung verwandelt und **verlangt** Steuertransformatoren »bei anderen als einfachen Maschinen«. Zur Orientierung werden folgende Beispiele genannt:
- mehr als fünf elektromagnetische Betätigungsspulen,
- Steuer- und Meßgeräte außerhalb des Steuerschrankes,
- elektronische Steuer- und Meldestromkreise.

Damit ist Klarheit auch im Hinblick auf den europäischen Warenverkehr geschaffen worden.
Vorteile von Steuertransformatoren:
- Steuerung kann vom Hersteller für eine einheitliche und genormte Spannung ausgelegt werden ohne Rücksichtnahme auf die Netzspannung beim Betreiber.
- Kurzschlußströme lassen sich auf Werte begrenzen, die für die eingesetzten Betriebsmittel verträglich sind.
- Spannungsspitzen aus dem Versorgungsnetz werden gedämpft.
- Steuerstromkreise können wahlweise geerdet (Regelfall) oder ungeerdet mit Isolationsüberwachung betrieben werden.

Steuerstromkreise hinter Steuertransformatoren lassen sich auch hinsichtlich der Isolations- und Spannungsprüfung nach den Abschnitten 13.1 und 13.2 einfacher handhaben, vor allem, wenn die empfindlichen elektronischen Bauelemente in galvanisch von den anderen Steuer- und Meldestromkreisen getrennten Systemen zusammengefaßt sind.
Die Forderung nach getrennten Wicklungen ist bei Steuertransformatoren nach DIN VDE 0550 Teil 3C eingehalten, erkennbar am Symbol, **Tabelle 6.1.1**, natürlich auch bei Sicherheitstransformatoren nach IEC 742 (1983) bzw. DIN VDE 0551. Spartransformatoren sind nach wie vor nicht zugelassen.

Tabelle 6.1.1: Transformatoren für Steuer- und Sicherheitsstromkreise

Ausführung ortsfest offen	Steuer- transformator 	Trenn- transformator
	DIN VDE 0550 Teil 3 12.69	
Leistung max. (einphasig)	4 kVA	4 kVA
Nennspannung max. – primärseitig – sekundärseitig	500 V 250 V	500 V 250 V
Prüfspannung Klasse I	2,5 kV	4 kV
Spannungsabfall % bei Leistung und cos φ	5 Kurzzeitleistung 0,5	5 Nennleistung 1
Anzapfung – primärseitig – Einstellung	erforderlich ± 5% U	zulässig ± 5% U mit Werkzeug
Symbol		

Steuertransformatoren nach DIN VDE 0550 Teil 3 C haben gegenüber den anderen Transformatorarten eine größere Spannungssteifigkeit, z. B. beim Zuschalten von Schützen.

Eine Aussage über eine bestimmte Isolationsqualität in Steuerstromkreisen (analog DIN VDE 0110 Klasse C) ist in DIN VDE 0113 Teil 1/02.86 nicht mehr enthalten. Der Verweis in Abschnitt 4.1.1 auf die »für sie geltenden IEC-Normen« ist so allgemein wie früher Satz 1 in Abschnitt 4.1.1 in DIN VDE 0113/ 12.73. Künftig wird eine Neufassung von DIN VDE 0110 Teil 2 (in Vorbereitung) zu beachten sein, die auch die Stoßspannungsbeanspruchung berücksichtigt.

Die Standardschaltung für die Speisung von Steuer- und Meldestromkreisen über Steuertransformatoren zeigt **Bild 6.1.1 a.** Auch bei Erdschluß zwischen *F*1 und Transformatorklemme 1 bzw. *F*2 und Transformatorklemme 2 sollten eigentlich beide Sicherungen *F*1 und *F*2 ansprechen; da dies nicht möglich ist, sind zweipolige Automaten oder FI-Schalter zu bevorzugen, siehe auch **Bild 6.1.1 b.**

Tabelle 6.1.1: (Fortsetzung)

Sicherheits-transformator DIN VDE 0551 5.72	Sicherheits-transformator JEC 742 (1983)
10 kVA	10 kVA
500 V 42 V 50 V	1000 V 50 V
4,5 kV	5,5 kV
5 Nennleistung 1	5 Nennleistung Nennleistungsfaktor (laut Typenschild)
zulässig – mit Werkzeug	zulässug – mit Werkzeug
offen gekapselt	offen gekapselt

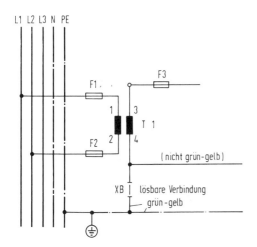

Bild 6.1.1 a.
Schaltung für die Speisung von Steuerstromkreisen

83

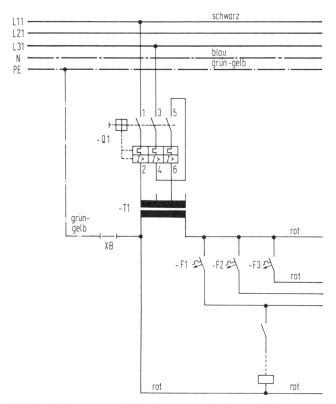

Bild 6.1.1 b. Ausgeführte Standardschaltung für Wechselstromsteuerkreise

Zu 6.1.2 Unmittelbarer Anschluß an das Netz

Die Aussagen dieses Abschnittes sind umfangreicher als in DIN 57 113/ VDE 0113/12.73, Abschnitt 8.1.2, aber eigentlich nur eine Fortschreibung bisheriger Praxis.

Im Umkehrschluß zu Abschnitt 6.1.1 ist ein unmittelbarer Anschluß von Steuerstromkreisen an das speisende Netz zulässig bei einfachen Maschinen, z. B.

– mit weniger als fünf Betätigungsspulen,
– ohne Steuer- und Meßgeräte außerhalb des Steuerschrankes; für nur ein einfaches, robustes Gerät können sicherlich Ausnahmen gelten, z. B. bei einer Steuertasterkombination oder einem elektromechanischen Positionsschalter mit kurzer Leitungsführung,
– Motorstartern nach DIN VDE 0660 Teil 104 oder Teil 106.

Steuerungen für solche Maschinen
- dürfen einpolig geschaltet werden, wenn die Speisung zwischen einem der Außenleiter L_1, L_2 oder L_3 und dem geerdeten Neutralleiter (N) erfolgt, unabhängig von der Spannung **(Bild 6.1.2 a)**. Bei gekapselten Motorstartern ist die einpolige Schaltung (leider) auch zwischen zwei Außenleitern zulässig.
- müssen zweipolig geschaltet werden, wenn sie zwischen zwei Außenleitern oder einem Außenleiter und dem nicht geerdeten N-Leiter abgegriffen werden, sofern ein mögliches Funktionsversagen bei Erdschluß Bedienungspersonen gefährdet, siehe Abschnitt 6.2.2 und **Bild 6.1.2 b**.

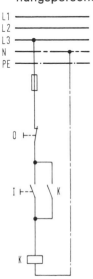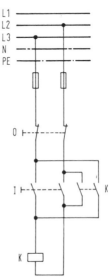

Bild 6.1.2 a.
Unmittelbarer Anschluß an das Netz zwischen Außen- und geerdetem Neutralleiter

Bild 6.1.2 b.
Unmittelbarer Anschluß an das Netz zwischen zwei Außenleitern

Zu 6.1.3   Mehrere Transformatoren

Dieser Abschnitt ist neu und von CENELEC gegenüber der IEC-Fassung verschärft, d. h. für alle Maschinengattungen verbindlich erklärt worden.
Die Formulierung »für bestimmte mechanische Bauteile« kann z. B. so ausgelegt werden:
Variante 1: Trennung von Hilfseinrichtungen, z. B. Kühlmittelpumpen, Späneoder Werkzeugtransport gegenüber den Bearbeitungsvorgängen.
Variante 2: Trennung von einzelnen Arbeitsstationen einer Maschine.
Variante 3: Eigene Versorgung z. B. für Hydraulik-Steuerventile.

Zu 6.1.4 Überstromschutz

Im Prinzip hat sich gegenüber DIN 57 113/VDE 0113/12.73 nichts geändert:
- Ein Kurzschlußschutz ist immer notwendig,
- ein Überlastschutz von Steuer- und Meldestromkreisen ist nicht erforderlich.

DIN VDE 0113 Teil 1/02.86 geht davon aus, daß bei Maschinen meist nur PVC-isolierte Leitungen verwendet werden. Werden im Einzelfall andere Isoliermaterialien verwendet, kann auf DIN VDE 0100 Teil 430 bzw. DIN VDE 0660 Teil 500 zurückgegriffen werden.
Eine neue Forderung in DIN VDE 0113 Teil 1/02.86 ist, daß bei Steuertransformatoren stets sekundärseitig mindestens eine Kurzschlußschutzeinrichtung vorhanden sein muß. Die bisher geltende Ausnahme nach DIN 57 113/ VDE 0113/12.73, Abschnitt 8.3.2, 2. Satz:
»... kann entfallen, wenn durch Kurzschlußschutzorgane auf der Primärseite sichergestellt ...«, besteht nicht mehr.
Der Verweis auf Abschnitt 5.2.2 und Abschnitt 5.2.3 bedeutet die inhaltliche Übereinstimmung zu DIN VDE 0100 Teil 430. Lediglich die gerade für Steuer- und Kleinspannungsstromkreise wichtige Reduktionsformel im ANHANG B

$$t_b < \left(\frac{I_m}{I_b}\right)^2 \cdot t$$

ist nicht in DIN VDE 0100 Teil 430 enthalten.
Ein Berechnungsbeispiel zeigen **Bild 6.1.4** und **Tabelle 6.1.4**, wobei stets der widerstandsfreie (metallene) Kurzschluß unterstellt ist.

Tabelle 6.1.4 Beispiel: Steuertransformator 500 VA, Kurzschlußschleife 30 m, Leiterquerschnitt 1,5 mm^2 Cu

Steuerspannung sekundär	V	220		110		24	
U_k	%	2.8	5	2.8	5	2.8	5
Ausschaltzeit t_b(ANHANG B)	s	6.6	18.4	3.4	7.2	12.2	14.4
Schmelzsicherung gl	A	16	10	16	10	10	10
t_a ≤1 s — gl	A	6	4	10	4	4	4
t_a ≤1 s — L-Automat	A	6	6	6	6	6	6

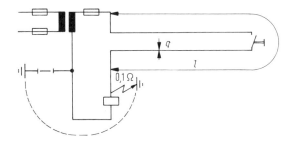

Bild 6.1.4. Kurzschlußschutz von Hilfsstromkreisen

$$\text{Kurzschlußstrom} = \frac{\text{Steuerspannung} \cdot 0{,}95}{\text{Transformator- + Steuerleitungs- + Schutzleitungswiderstand}}$$

$$\text{Transformatorwiderstand} = \frac{U^2 \cdot u_k}{S_N \cdot 100};$$

U	Steuerspannung	in V
u_k	Transformatorkurzschlußspannung	in %
S_N	Transformatornennleistung	im Beispiel 500 VA
L	Länge der Steuerleitung	im Beispiel 30 m
q	Querschnitt der Steuerleitung	im Beispiel 1,5 mm² Cu

Widerstand in der Schutzleiterstrombahn = 0,1 Ω (siehe Abschnitt 13.3)

Aus dem Beispiel läßt sich ableiten:
- Mit abnehmender Steuerspannung bestimmt immer mehr die Leitung (Länge, Querschnitt) den Kurzschlußstrom; bei Kleinspannung hat hohe Transformatorleistung wenig Sinn.
- Die Ausschaltzeit, abhängig nur von der zulässigen Kurzschlußzeit der Leitung, bedeutet einen für die sichere Steuerung viel zu langen Spannungseinbruch.

Daher ist das Kurzschlußschutzorgan so zu wählen, daß bei dem errechneten kleinsten Kurzschlußstrom immer noch Ausschaltzeiten im Bereich < 1 s zu erwarten sind. Das wird mit Schutzschaltern immer erreicht.
Steuerstromkreise, die aus einer Sekundärwicklung mit geerdeter Mittelanzapfung gespeist werden, sind wie Steuerstromkreise abzusichern, die zwischen zwei Außenleitern angeschlossen werden, d. h. mit zweipoligen Schutzorganen.

Zu 6.2 Steuerstromkreise

Zu 6.2.1 Vorzugswerte für Steuerspannungen

Eine Obergrenze für Steuerspannungen, die aus Steuertransformatoren gewonnen werden, wird nicht mehr angegeben. Bisher waren 220 V 50 Hz Obergrenze, und so sollte es auch bleiben.
Welchen der angegebenen Vorzugswerte man wählt, hängt ab von
- Ausdehnung des Steuernetzes (Spannungsfall bis zu den Wirkungsgliedern, Abschaltsicherheit bei Kurzschluß),
- Kontaktzuverlässigkeit, vor allem bei aggressiver Atmosphäre,
- Unfallgefahren, wenn unter Spannung Funktionsprüfungen oder Justierungen vorgenommen werden müssen,
- Einfügung elektronischer Betriebsmittel in Starkstromsteuerungen.

Eine Bevorzugung von 110/115 V für Werkzeugmaschinen ist nach deutscher Auffassung sachlich nicht begründet.

Schutzmaßnahmen in Steuerstromkreisen
Unabhängig von der Spannungshöhe sind Schutzmaßnahmen gegen **direktes** Berühren anzuwenden, siehe Abschnitt 5.1.1. Abhängig von der Spannungshöhe und der Art der sicheren Trennung (siehe DIN VDE 0106 Teil 101) sind die Schutzmaßnahmen bei **indirektem** Berühren auszuwählen, siehe Abschnitt 5.1.2. Damit ist auch der Bereich der kleinen Spannungen unter 50 V~ bzw. 120 V= mit Schutzmaßnahmen abgedeckt.

Zu 6.2.2 Schutz gegen unbeabsichtigten Anlauf durch Erdschlüsse

Die Überschrift ist unvollständig und müßte dem Inhalt entsprechend besser lauten:
Schutz gegen Gefahren durch Erdschlüsse.
Besondere neue Forderungen sind in DIN VDE 0113 Teil 1/02.86 nicht enthalten.
Wurde anfangs die klassische Anordnung nach Bild 6.1.1a bzw. Bild 6.1.2a einfach vorgegeben, ist mit DIN VDE 0113/01.64 auch die Begründung geliefert worden. Seit der Herausgabe von DIN 57 113/VDE 0113/12.73 wird übereinstimmend mit IEC das Schutzziel in den Vordergrund gestellt:
- unbeabsichtigter Anlauf durch Erdschluß muß,
- gewollte Stillsetzung darf nicht durch Erdschluß
verhindert werden; siehe auch Abschnitt 8.1 bezüglich Anordnung und Auswahl von Steuergeräten.
Dieses Schutzziel gilt auch für Motorstarter. Die Ausnahme nach Abschnitt 6.1.2 sollte sich nur auf die Zulässigkeit der einpoligen Schaltung beziehen, nicht auf die Erreichung des obigen Schutzzieles.

Folgende Lösungswege werden angeboten:
1. Einseitig geerdetes Steuersystem; jeder niederohmige Erdschluß wird zum Kurzschluß, der die Steuerspannung zusammenbrechen läßt und über das zugeordnete Kurzschlußschutzorgan (siehe Abschnitt 6.1.4) den betroffenen Steuerkreis abschaltet.

Diese Lösung **kann** gewählt werden. Wird sie nicht gewählt, **muß**
2. bei einfachen Maschinen mit Anschluß der Steuerung zwischen zwei Außenleitern des Netzes zur Erreichung vorgenannter Schutzziele in den sicherheitsrelevanten Strompfaden die zweipolige Steuerung gewählt werden, siehe Bild 6.1.2b. Dies gilt ebenfalls im IT-Netz mit Abgriff zwischen einem Außenleiter und dem nicht geerdeten N-Leiter. **Oder** es muß
3. bei nicht geerdeten Steuerstromkreisen hinter den Steuertransformatoren eine Isolationsüberwachungseinrichtung angewandt werden, vergleichbar DIN VDE 0100 Teil 410 **(Bild 6.2.2a)**.

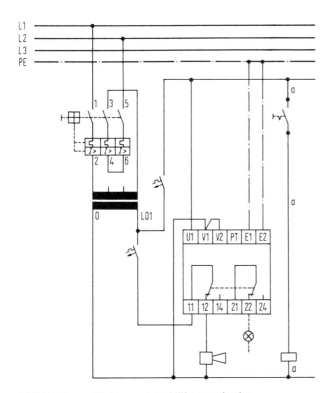

Bild 6.2.2a. Nichtgeerdete Hilfsstromkreise
Isolationsüberwachungseinrichtung, z.B. nach DIN VDE 0413 Teil 2, spricht an beim ersten Erdschluß auf beliebiger Steuerleitung, z.B. an einer der Stellen   a

Wo treten Erdschlüsse auf?
Erdschlüsse in einem Schaltschrank, der den Anforderungen nach Abschnitt 7 entspricht, sind wenig wahrscheinlich. Wahrscheinlicher sind Erdschlüsse an Betriebsmitteln, die unmittelbar im Arbeitsbereich der Maschine angebracht sind, weil sie dort den rauhen Betriebsbedingungen ausgesetzt sind. Das gilt insbesondere für Steuergeräte der Schutzklasse I und für in Rohren oder Schläuchen verlegte Einzeladern.

Einsatz schutzisolierter Geräte
Bei schutzisolierten Geräten sind Erdschlüsse in der Fehlerbetrachtung auszuschließen. Leiterschlüsse ohne Erdberührung in mehradrigen Mantelleitungen sind dann bestimmend für ungewollten Anlauf oder Verhinderung gewollter Stillsetzung. Die Schutzmaßnahmen gegen Gefahren durch Erdschlüsse sind in diesen Fällen unwirksam. Hier hilft nur sorgfältige Verlegung und Fehlerbetrachtung gemäß Bild 5.7 b.

Wo wird mit dem Schutzleitersystem verbunden?
Bei Wechselstrom-Steuerkreisen möglichst nahe an dem Ende der Sekundärwicklung, an denen die Spulen, Meldeleuchten usw. gemäß Abschnitt 6.2.3 direkt (d. h. ohne Schaltglieder) angeschlossen sind, bei Gleichstromkreisen hinter der Gleichrichtung **(Bild 6.2.2 b)**.

Wie wird geerdet?
Die Erdverbindung muß den gleichen Querschnitt haben wie die Leitung, in der sich das Kurzschlußschutzorgan befindet.
Außerdem sollte in der Verbindung zwischen der geerdeten Seite des Steuerstromkreises und dem Schutzleiter (PE) eine lösbare Verbindung, z. B. in Form einer Lasche vorhanden sein, die in den Schaltplänen entsprechend dargestellt ist, siehe ANHANG E. Die farbliche Kennzeichnung muß grün-gelb sein (Bild 6.1.1 a und Bild 6.1.1 b).

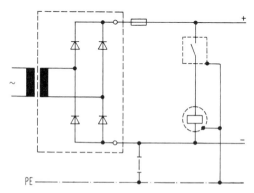

Bild 6.2.2 b.   Erdung bei Gleichstromsteuerungen

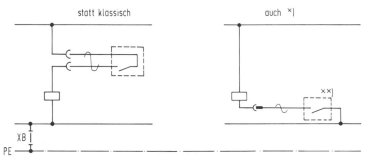

Bild 6.2.3.1 a. Schalten im geerdeten Zweig in besonderen Fällen, z. B., um Adern/ Steckerpole zu sparen
  *) nicht anwendbar für Stromkreise mit Sicherheitsfunktion
**) möglichst schutzisolierte Geräte verwenden

Bild 6.2.3.1 b. Kabelraupe zum Anschluß verfahrbarer Maschinensysteme (Foto: Firma PKL (5546/5))

Zu 6.2.3   Anschluß von Spulen, Schaltgliedern und Eingabe-/Ausgabeeinheiten

Zu 6.2.3.1   Anschluß von Spulen und Schaltgliedern
Die klassische Schaltung aus den früheren VDE-Bestimmungen wird fortgeschrieben, unabhängig davon, ob die Steuerung geerdet oder nicht geerdet betrieben wird.
Neu ist die Ausnahmeregelung Variante b): Unter besonderen Vorsichtsmaßnahmen kann auch die aus der Autoelektrik bekannte Variante des Schaltens gegen den geerdeten Pol zugelassen werden **(Bild 6.2.3.1 a)**. Ein solches Bedürfnis könnte bestehen, um Adern und Steckerpole zu beweglichen oder verfahrbaren Maschinenteilen zu sparen **(Bild 6.2.3.1 b)**. Für Sicherheitsstromkreise darf man diese Ausnahme nicht anwenden.

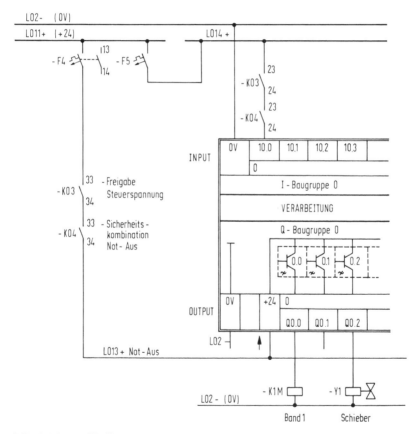

Bild 6.2.3.2.   Einfügen elektronischer Betriebsmittel in klassischer Schaltung

Zu 6.2.3.2   Anschluß von Eingabe-/Ausgabeeinheiten
Die klassische Schaltung, in der die Schaltglieder auf der gegen Kurzschluß
gesicherten Seite und die Wirkungsglieder auf der für die Erdung vorgesehenen Seite des Steuersystems liegen, ist auch für die Elektronik vorgeschrieben. Die Elektronik kann sich, wie die Praxis zeigt, dieser Forderung anpassen
(Bild 6.2.3.2). Allerdings: Ausnahmen sind zulässig, wenn die Sicherheit auf
anderem Wege erreicht wird.

Zu 6.2.4   Verriegelungen zu Schutzzwecken

Wie bisher wird aufgezählt, wann Verriegelungen notwendig sind, um erfah-
rungsgemäß gefährliche Zustände zu vermeiden, siehe auch zweiter Bindestrich im Abschnitt 5.7 »Schutz im Fehlerfall«.

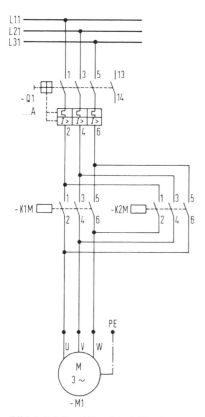
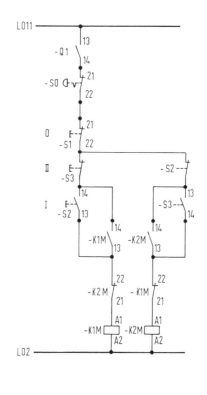

Bild 6.2.4.3.   Wendeschützsteuerung

93

Zu 6.2.4.3   Verriegelungen gegenläufiger Bewegungen
Soll die Drehrichtung eines Motors während des Betriebes geändert werden, muß dies so geschehen, daß durch Fehlhandlungen des Bedienungspersonals oder auch durch dessen Spieltrieb keine Fehlschaltungen entstehen können. Wird gleichzeitig der Rechts- und Linkslaufdruckknopf betätigt, darf es hierdurch nicht zu Kurzschlüssen in der Steuerung kommen. In der sogenannten doppelten Verriegelung werden beide Startkommandos sowohl über die Befehlsgeber als auch über die Hilfsschalter der vorgesehenen Wendeschütze verriegelt **(Bild 6.2.4.3)**.
Zur Verriegelung gegenläufiger Bewegungen kann auch »Verriegelung« über eine speicherprogrammierte Steuerung geeignet sein.
Die Entscheidung, wann solche Verriegelungen verwendet werden, um (Sach-)Schaden zu verhüten, hängt von der Risikoabwägung durch den Hersteller oder Betreiber ab. Entsprechend bestimmt sich der Verriegelungsaufwand.

Zu 6.2.4.4   Gegenstrombremsung
Gegenstrombremsung ist bei Maschinen mit großen bewegten Massen obligatorisch, wenn im Not-Aus-Fall ein Stillsetzen so schnell wie möglich nicht anders zu erreichen ist. Entscheidend ist, daß die Drehzahl n = 0 nicht zeitabhängig erfaßt werden darf und der Antrieb dann sofort entregt wird, um Gegenlauf zu verhindern.
Bei »Not-Aus« kann die Forderung »so schnell wie möglich« durchaus zunächst über eine Abfahrautomatik erfüllt werden. Zusätzlich muß dann jedoch noch z. B. ein Zeitglied nach Ablauf der üblichen Abfahrzeit einen weiteren Aus-Befehl auf die Leistungsschaltgeräte geben, falls die Abfahrautomatik versagt (gemäß Fehlerbetrachtung nach Abschnitt 5.7).

Zu 6.2.4.5   Schutz gegen Überdrehzahl von Gleichstrommotoren
Ein Schutz gegen Überdrehzahl erscheint entbehrlich, wenn
– die Erregung nicht ausfallen kann, z. B. bei Permanentmagneten,
– der Erregerstrom durch ein Minimalstromrelais überwacht wird,
– stets ein ausreichendes Gegenmoment zuverlässig angekuppelt ist,
– der Drehzahlregler überwacht ist.

Zu 6.2.4.6   Schutz gegen Überfahren
Neu ist beim »Schutz gegen Überfahren« die Empfehlung, durch den zweiten Wegfühler unmittelbar den Hauptstromkreis des gefährlichen Antriebes auszuschalten. Natürlich kann der zusätzliche Grenzwegfühler auch in einen »zusätzlichen Stromkreis« nach Abschnitt 5.7 wirken. Schutz gegen Überfahren nach 8.1.4 »Wegfühler« wird durch entsprechende Anordnung erreicht.

Zu 6.2.4.7   Schutzeinrichtungen
Dieser Abschnitt ist in der EN-Fassung hinzugefügt. Der Zugang zu Gefahr-

stellen und Gefahrquellen einer Maschine kann auf zweierlei Art verhindert werden:
– Schutzverkleidungen, die nur mit Werkzeug zu lösen sind,
– Schutzverkleidungen, die von Hand ohne Werkzeug abnehmbar sind, z. B. auch mit Schnellverschlüssen; diese müssen bei Entfernen über Positionsschalter (Türverriegelung) die Maschine bzw. die gefährlichen Bewegungen stillsetzen. Wenn das Stillsetzen nicht so schnell möglich ist, wie die Schutzverkleidung entfernt werden kann, muß eine elektromagnetische Sicherheitsverriegelung die Schutzverkleidung blockieren, bis keine Gefahr mehr besteht **(Bild 6.2.4.7)**.

Das Zurückstellen der Schutzverkleidung darf nicht zu einem automatischen Wiederanlaufen der Maschine führen, wenn dadurch eine Gefährdung möglich ist.
Es gibt sehr komplizierte Maschinen, zu deren Betrieb neben der elektrischen Energie auch andere Medien verwendet werden, z. B. hydraulische Einrichtungen zum Pressen, Druckluft für Bewegungen, Heißluft zum Trocknen oder brennbare Gase zum Schweißen oder Schmelzen. Auch die Steuerung dieser Energien muß mit der elektrischen Steuerung gekoppelt werden [6.1]. Vergleiche hierzu auch Hinweis in den »Technischen Unterlagen« Abschnitt 3.2.

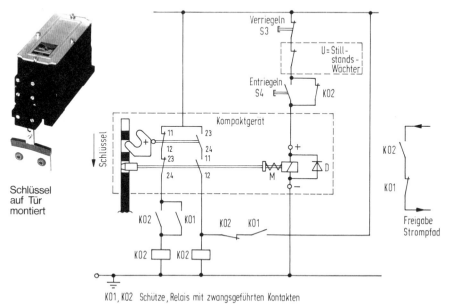

Bild 6.2.4.7. Sicherheitstürverriegelung (Foto: Firma ELAN)

Zu 6.2.6   Anlauf eines Arbeitszyklus

Abgesehen von der etwas geänderten Reihenfolge gegenüber Abschnitt 8.7 in DIN 57 113/VDE 0113/12.73 enthält dieser Abschnitt Neuerungen.

Zu 6.2.6.3   Befehlsgabe mit beiden Händen (Zweihandschaltung)
Bei Zweihandschaltung wurde die Bestimmung aufgenommen, daß in bestimmten Fällen jedes Drucktasterpaar innerhalb bestimmter Zeiten gleichzeitig betätigt und vor dem Start eines neuen Zyklus losgelassen werden muß. Bei nicht gleichzeitiger Betätigung darf keine Bewegung stattfinden. Damit wird eine Angleichung an nationale Sicherheitsbestimmungen vorgenommen, z. B. die berufsgenossenschaftlichen Richtlinien ZH 1/456 für Pressen [6.2]; vgl. auch Frage 28 im ANHANG A.

Zu 6.2.6.4   Eine einzige Befehlsstelle für den Anlauf von Motoren
Neu aufgenommen ist auch die »zusätzliche Anforderung des Betreibers«, daß bei Automatikbetrieb nur eine einzige Befehlsstelle für den Start aller erforderlichen Vorbereitungsfunktionen zulässig ist. Diese Befehlsstelle wird man wohl dort hinlegen, wo auch der Zyklusstart vorgenommen wird.

Zu 6.2.8   Automatische Steuerung – Handsteuerung

Gegenüber früher ist die Möglichkeit zur Handsteuerung nicht mehr obligatorisch. Nach wie vor müssen aber in beiden Betriebsarten die Start- und Sicherheitsbedingungen nach den Abschnitten 6.2.4 bis 6.2.7 erfüllt sein. Lediglich beim Prüfen und Einrichten müssen sie nur »soweit wie möglich« wirksam bleiben.

Zu 6.2.9   Steuerung des Arbeitsablaufes bei Automatikbetrieb

Dieser Abschnitt stellt gegenüber dem Abschnitt 8.10 in DIN 57 113/ VDE 0113/12.73 eine im wesentlichen nur textliche Erweiterung dar. Die einzelnen Anforderungen im erweiterten Text sind aber nur Wiederholung oder doch nach dem Stand der Technik selbstverständlich, z. B. in Abschnitt 6.2.9.2 der Umgang mit RAM-Speichern.
Die geforderte direkte Überwachung einer Bewegung zum Starten und Halten an der richtigen Stelle in einem automatischen Arbeitsablauf schließt nicht aus, lineare Bahnbewegungen in kraftschlüssig gekoppelten Drehbewegungen von Spindeln und Zahnrädern darzustellen. Die Abtastung der Lage kann auch über analoge, inkrementale Verfahren vorgenommen werden. Sie müssen dann nachweisbar so zuverlässig arbeiten, wie über Nockenbahnen betätigte elektromechanische Wegfühler.

Zu 6.3   Meldestromkreise

Meldestromkreise unterscheiden sich von Steuerstromkreisen dadurch, daß Fehler zwar zu falschen Informationen führen, die Funktion der Maschine jedoch nicht zwangsläufig gestört ist. Für Meldestromkreise gelten für den elektrischen Aufbau
– die gleichen Anforderungen wie für Steuerstromkreise, wenn sie mit diesen galvanisch verbunden sind **(Bild 6.3)**,
– keine besonderen Anforderungen nach DIN VDE 0113 Teil 1/02.86, wenn sie von Steuerstromkreisen galvanisch sicher getrennt sind.

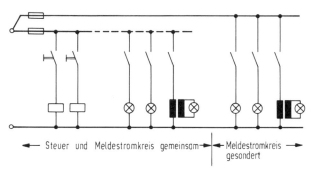

◄── Steuer und Meldestromkreis gemeinsam─►│◄─ Meldestromkreis ──►
gesondert

Bild 6.3.   Kurzschlußschutz in Steuer- und Meldestromkreisen; gemeinsame Sicherung für Steuer- und Meldestromkreise ist zulässig; besser: gesonderte Absicherung von Steuer- und Meldestromkreisen

Meldelampen mit Kleinspannung haben eine wesentlich höhere Lebensdauer, weshalb analog zu Abschnitt 8.2.4 für Meldestromkreise 24 V als Vorzugsspannung empfohlen wird.

Zu 7 Mechanische Ausführung, Anordnung elektrischer Betriebsmittel usw.

Die Ausführungen dieses Abschnittes 7 entsprechen inhaltlich etwa denen des Abschnitts 11 in DIN 57 113/VDE 0113/12.73, sind allerdings in Details erweitert.

Zu 7.1.1 Anordnung elektrischer Betriebsmittel

Schon in DIN 57 113/VDE 0113/12.73 war im Abschnitt 11.1.2 die Zusammenfassung von Geräten empfohlen worden. Daß dabei neuerdings der Begriff »Schaltgerätekombinationen« verwendet wird, deutet darauf hin, daß hier nach Normen typgeprüfte (TSK) oder partiell typgeprüfte (PTSK) Kombinationen angesprochen sind, denen der Abschnitt 7.2 gewidmet ist. Diese Schaltgerätekombinationen bieten erprobten Schutz gegen äußere Einflüsse, dienen der leichteren Fehlersuche usw. Das gilt besonders für alle Einrichtungen der Signalverarbeitung, für Hilfs- und Hauptschütze, Meßverstärker, Kurzschlußschutzorgane, Steuertransformatoren. Motoren, Steuertaster, Wegfühler, Verriegelungsmagnete müssen an der Maschine angebaut sein. Da sie nicht vom Schaltschrank geschützt sind, werden sie in den Abschnitten 8, 11 und 12 hinsichtlich ihrer Schutzart mit eigenen Aussagen bedacht.

Zu 7.1.2 Zugänglichkeit

Was ist »zugänglich«? Außer den Angaben in der Norm wäre nach Meinung des DKE-Komitees ein Betriebsmittel zugänglich, wenn z. B.
- nur einfaches Werkzeug (Schlüssel, Schraubendreher) zum Entfernen von Hindernissen benötigt wird,
- hinderliche Abdeckungen mit wenigen Handgriffen zu entfernen sind,
- Aufstiegshilfen auf der Zugangsebene nicht benötigt werden.

Wenn Geräte in zwei senkrechten Ebenen hintereinander angeordnet sind, muß die vordere Ebene wie eine Tür ausschwenkbar (Schwenkrahmen) sein. Zu berücksichtigen ist, daß bei immer komplizierter werdenden Maschinen die Orientierung nach Plänen und Suchlisten vorgenommen wird. Fehler sollen mit möglichst wenig handwerklichem Aufwand für Lösen von Verbindungen, Ausbau von Geräten usw. gefunden werden. Durch Demontage steigt das Risiko, daß sich Fehler beim Wiedereinbau einschleichen.
An den Einbaubereichen relativ zur Zugangsebene hat sich gegenüber früher nichts geändert **(Bild 7.1.2)**.

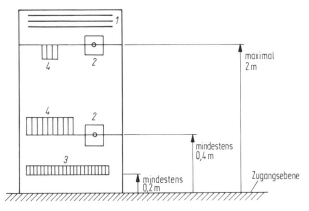

Bild 7.1.2. Elektrische Betriebsmittel in Gehäusen oder Einbauräumen; Einbauhöhen nach Abschnitt 7.1.2
1 Sammelschiene
2 einzustellendes oder zu wartendes Gerät
3 Reihenklemmen
4 Sicherungen

Zu 7.1.3 Kriech- und Luftstrecken

In bezug auf Abstände »aktive Teile – Umhüllung« entfällt der frühere Verweis auf VDE 0100/5.73 § 30 b (dieser ist ersetzt durch die Aussage in DIN VDE 0100 Teil 729/11.86 bzw. DIN VDE 0660 Teil 500/11.84). Künftig muß man sich orientieren an
– DIN VDE 0110 Teil 2 (z.Zt. Entwurf) und
– IEC 158-1, Anhang B, Tabelle 1.

Bei Schaltschränken nach DIN VDE 0660 Teil 500 können die Forderungen als erfüllt betrachtet werden.

Zu 7.2 Schaltgerätekombinationen

Zu 7.2.1 IP-Schutzarten

Elektrische Betriebsmittel in Schutzart IP X5 dürfen nicht mit einem Wasserschlauch, insbesondere nicht mit einem Hochdruckreinigungsgerät abgespritzt werden, wie dies z.B. in der Lebensmittelindustrie notwendig ist. DIN VDE 0100 Teil 737/02.86 verweist in Abschnitt 4.2 auf einen gegebenenfalls erforderlichen zusätzlichen Schutz.
Geräte in Gehäusen mit zu niedriger Schutzart gegen Verschmutzung können auch in einen größeren Schrank eingebaut werden, der ebenfalls nicht die

volle IP-Schutzart erfüllt, aber doch das Eindringen von Staub, Fremdkörpern, Feuchtigkeit wesentlich erschwert. Das entspricht einer Art Reihenschaltung von Schutzarten, anwendbar, wenn nicht »wasserdicht« oder »staubdicht« verlangt wird; siehe auch Abschnitt 4.1.1.

In eine Schaltgerätekombination müssen bei der Montage zahlreiche Leitungen eingeführt werden. Die Praxis zeigt, daß die Einführungen nach Abschluß der Montage häufig die Schwachpunkte des geforderten IP-Schutzes darstellen.

Werden Mantelleitungen über PG-Verschraubungen nach DIN 46 320 eingeführt, ist es relativ leicht, die Schutzart wieder herzustellen. Mehr Aufmerksamkeit ist erforderlich, wenn Einzeladern in Schutzschläuchen verlegt mit diesen in die Schaltschränke eingeführt werden. Da es für die Anschlußarmaturen der Schutzschläuche keine allgemeinen Bestimmungen und keine Normen gibt, muß der Ausrüster bei der Auswahl der Schutzschläuche und der zugehörigen Armaturen besondere Sorgfalt walten lassen.

Für den Fall von Nachinstallationen sind in den Betriebsanleitungen bzw. Ersatzteillisten entsprechende Beschaffungshinweise zu berücksichtigen.

Zu 7.2.2 Öffnungen

Mit den Anforderungen dieses Abschnittes wird der Hersteller verpflichtet, die Schaltgerätekombinationen vollständig verschlossen zu liefern. Natürlich können die Einführungen lose mit einem entsprechenden Aufstellungshinweis mitgeliefert werden; vgl. auch Kommentar zu Abschnitt 10.1.6.

Werden elektrohydraulische oder elektropneumatische Ventile als Bestandteil der Steuerung eingesetzt, so dürfen sie nicht in die Schaltgerätekombination verlegt werden. Die zugehörigen elektrischen Ausrüstungen solcher Ventile, Kupplungen usw. sind in einer Schutzart auszuführen, als ob sie außerhalb von Schränken angeordnet wären. Die Verbindungen zur Schaltgerätkombination müssen der IP-Schutzart des Schaltschrankes entsprechend in diesen eingeführt werden **(Bild 7.2.2** und Bild 2.3).

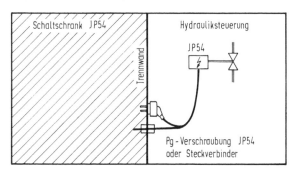

Bild7.2.2. IP-gerechte Trennung eines Schaltschrankes von nichtelektrischen Steuerungen

Zu 7.2.3 Türen

Die bisher geltenden Anforderungen in DIN 57 113/VDE 0113/12.73, Absatz 11.2.4, sind fortgeschrieben mit folgenden Ergänzungen:
– Zusätzlich wird ein Türöffnungswinkel von mindestens 95° gefordert.
– Einschränkung in der Gerätemontage auf Türen gemäß Abschnitt 7.2.4.

Zu 7.2.4 Anordnung elektrischer Betriebsmittel

Die bisher als allgemeine Empfehlung geltende Regel, auf Türen nur Betätigungsorgane, Befehls-, Melde- und Meßgeräte anzubringen, ist jetzt als »Zusätzliche Anforderung« des Betreibers ausgewiesen. Man ist aber sicher richtig beraten, diese Anforderung generell zu beachten.
Wegen der Anordnung des Hauptschalters bei Vereinbarung der »Zusätzlichen Anforderung« des Betreibers wird auch auf Bild 5.6.2.4 verwiesen. Ob auf der Vorderseite oder auf der Seitenwand, man sollte eine Anordnung hinter einer fest montierten, nicht ausschwenkbaren Abdeckung wählen, damit eine »Überlistung« des verschlossenen Hauptschalters deutlich erschwert wird.
Wegen der Leitungsverbindung zu Türen wird auf Abschnitt 10.1.3 verwiesen.

Zu 8   Steuergeräte

Steuergeräte dienen nach der Definition im Abschnitt 2.16»zum Steuern des Maschinenablaufes«.
In diesem Abschnitt werden sowohl
- mittelbar durch ein nichtelektrisches Medium mechanisch, magnetisch, induktiv, kapazitiv, hydraulisch, thermisch, optisch, akustisch betätigte Steuergeräte, Fühler, Sensoren (bisher im engeren Sinne als »Steuergeräte« bezeichnet),
- unmittelbar von Personen betätigte Steuerschalter (bisher als »Befehlsgeräte« bezeichnet) als auch
- Meldegeräte: Leuchtmelder und Leuchtdrucktaster
behandelt. Die Begriffe haben sich im Laufe der Zeit gewandelt. Die Bau- und Prüfvorschriften für Steuergeräte als elektrische Betriebsmittel sind DIN VDE 0660 Teil 200 »Hilfsstromschalter« zu entnehmen. DIN VDE 0113 Teil 1/02.86 befaßt sich mit der richtigen Auswahl und Anordnung.

Zu 8.1   Allgemeines

Steuergeräte liegen aufgabenbedingt häufig außerhalb der geschützten Sphäre eines Schaltpultes, Schaltschrankes, Maschinengehäuses, Einbauraumes. Sie könnten damit vermehrt Ursache sein, daß
- durch äußere Einflüsse (mechanisch, chemisch, Störfelder, Schmutz usw.),
- mangelhafte Pflege, Instandhaltung,
ungewollt, programmwidrig, fehlerhaft
- ein Start-Befehl ausgelöst,
- ein Aus-Befehl verhindert wird.
Die Anforderungen und Maßnahmen in den folgenden Abschnitten dienen dazu, diesen unerwünschten Ereignissen vorzubeugen.

Zu 8.1.1   Aufstellungsort und Aufbau

Dieser Abschnitt enthält keine neuen Anforderungen.
Je weniger der Einbauort die Prädikate »trocken« und »sauber« verdient, desto wichtiger wird die leichte Zugänglichkeit für die regelmäßige Instandhaltung einschließlich Reinigung, Justierung und Prüfung.
Man kann ein Steuergerät z.B. für leicht zugänglich halten, wenn man es erreicht, ohne erst andere Maschinenteile (außer Schutzblenden gegen Beschädigung) abbauen zu müssen, wenn man es mit normalen Werkzeugen

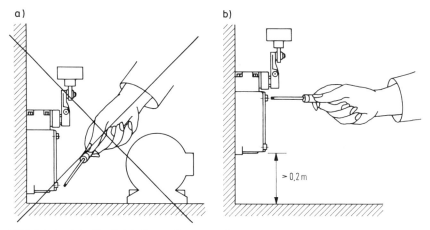

Bild 8.1.1. Zugänglichkeit von Steuergeräten
links: falsch   rechts: richtig

abbauen und durch ein gleichartiges Gerät ersetzen kann, wenn es mindestens 0,2 m über der Zugangsebene liegt **(Bild 8.1.1)**.
Schon bei der Anordnung ist zu beachten, daß bei Reinigung bzw. Materialausräumung während des Betriebes keine ungewollte Betätigung möglich ist. Anschlußleitungen des Steuergerätes gehören zu diesem, und auch in der Umgebung des Steuergerätes sollten sie leicht zugänglich sein, um den Aus- und Einbau zu erleichtern.

Zu 8.1.2 Schutz (gegen äußere Einflüsse)

Dieser Abschnitt enthält gegenüber früher keine neuen Anforderungen. Diesem Schutz dienen:
– Die Maßnahmen nach Abschnitt 8.1.1 (Anbau an einem geeigneten Platz).
– Dichtheit (einschließlich alterungsbeständiger Dichtmittel), mindestens in Schutzart IP 54 nach IEC 529 bzw. DIN 40 050. Die Leitungseinführung darf die Schutzart nicht aufheben.
– Abweisschilde gegen Späne, Tropföl, Spritzwasser usw.
– Steuergeräte in Gehäusen aus Metall oder Kunststoff mit der notwendigen Schlagfestigkeit, Korrosionsbeständigkeit, Öl- und Lösungsmittelbeständigkeit.
– Funktionsweisen (Bauarten), die bei den vorliegenden äußeren Einflüssen Zuverlässigkeit des Schaltens garantieren, z. B. Nährungsinitiatoren in Verußkapselung, Unempfindlichkeit gegen Erschütterungen, Störfelder.

Wasserdampf kann über Dichtungsspalte auch bei Schutzart IP X5 in die Hohlräume von Steuergeräten eindringen, bei Abkühlung kondensieren und zu Kriechwegbildung führen. Diese Schutzart reicht auch nicht bei Reinigung mit Wasserstrahl und Hochdruckreinigungsgeräten, siehe DIN VDE 0100 Teil 737/02.86.

Gegenmaßnahmen herstellerseitig sind:

- Hohlräume klein halten,
- Vergußkapselung,
- Beheizung.

Entsprechende Wartung ist in den technischen Unterlagen, Abschnitt 3.2.4.7, zu vermerken.

Zu 8.1.3 Steckbare Steuergeräte

Die Anforderungen dieses Abschnittes waren schon in DIN 57 113/ VDE 0113/12.73, Abschnitt 7.2.3, enthalten, vorübergehend durch die Änderung 2 zu dieser Vorschrift außer Kraft gesetzt, sind jetzt aber wieder voll gültig.

Bild 8.1.3 a.
Steckbares Steuergerät

105

Gemäß Abschnitt 10.4.4.7 dürfen Steckvorrichtungen nach IEC 309, vergleichbar mit DIN 49 400 (nationale Regelung) zur Entnahme elektrischer Energie aus dem Netz, nicht für Steuerstromkreise verwendet werden. Steuergeräte dürfen nur über solche Steckvorrichtungen angeschlossen werden, deren Zuordnung durch Bauart oder Kennzeichnung erkennbar ist. Als Steuergeräte, die während des Betriebes (um-)gesteckt werden, kommen wohl nur handbetätigte Steuerschalter (Befehlsgeräte) in Frage, z. B. zum Einrichten **(Bild 8.1.3 a)**. Bei den zugehörigen Steckvorrichtungen genügt nicht bloß Kennzeichnung; sie müssen auch von der Bauform her (Anordnung der Buchsen und Stifte, Codierungen) unverwechselbar zu allen anderen Steckvorrichtungen der Ausrüstung sein **(Bild 8.1.3 b)**.

Steckbare Steuergeräte, d. h. Steuergeräte, die über Steckvorrichtungen angeschlossen werden, haben ihre Schwachpunkte bezüglich äußerer Einflüsse in der Steckverbindung. Daher sind hier die Anforderungen nach Abschnitt 10.4.4.4 und Abschnitt 10.4.4.5 besonders sorgfältig zu beachten:
- Steckverbindungen an sauberen, trockenen Orten (im geschützten Steuerschrank) oder
- im gesteckten Zustand gleiche IP-Schutzart wie das Steuergerät selbst
- bei gezogenem Stecker dichtende Verschlußkappe auf Steckdose und gegebenenfalls Stecker.

Bild 8.1.3 b.   Steckbarer Steuergeräteanschluß

Zu 8.1.4 Wegfühler einschließlich Näherungsschalter

Wegfühler sind Betriebsmittel, die der elektrischen Erfassung des Anfangs oder Endes von Wegstrecken dienen. Den Wegfühlern entsprechen Positionsschalter oder Grenzlagenschalter dort, wo lageabhängig Verriegelungen, Stillsetzungen elektrisch durchgeführt werden müssen, z. B. für Schutzeinrichtungen nach Abschnitt 6.2.4.7 vor Gefahrstellen und Gefahrquellen. Wegfühler bzw. Positionsschalter für Sicherheitsfunktionen können sowohl in normalen Steuerstromkreisen (siehe zweiter Bindestrich in Abschnitt 5.7) als auch in besonderen Steuerstromkreisen eingesetzt werden (Sicherheitsstromkreise, siehe dritter Bindestrich in Abschnitt 5.7).
Die Anforderungen dieses Abschnittes entsprechen im wesentlichen denen für die früher in DIN 57 113/VDE 0113/12.73, Abschnitt 7.1.3, benannten Grenzschalter.
Neu ist, daß
1. auch nicht mechanisch bestätigte Wegfühler oder Positionsschalter einsetzbar sind,
2. Hilfsstromschalter mit Permanentmagnet, bekannt auch unter der Bezeichnung Reed-Kontakt, Herkonschalter, nicht als Wegfühler in Sicherheitsstromkreisen eingesetzt werden dürfen,
3. der Schutz gegen unbeabsichtigtes Betätigen nicht mehr ausdrücklich verlangt wird.

Zu 1.
Für Wegfühler, die nicht mechanisch betätigt werden, d. h. berührungslos wirken, gelten folgende Normen:
– ohne Sicherheitsfunktion:
  DIN VDE 0660 Teil 208/08.86
– mit Sicherheitsfunktion:
  DIN VDE 0660 Teil 209 (zur Zeit noch Entwurf) bzw. die berufsgenossenschaftlichen »Grundsätze für die Prüfung von berührungslos wirkenden Positionsschaltern mit Sicherheitsfunktion« GS-Et-14 [8.1].

Zu 2.
Wegfühler (Positionsschalter) mit Permanentmagnet sind in Sicherheitsstromkreisen (siehe Abschnitt 5.7) nicht zulässig.
Diese Sicherheitsstromkreise müssen in Funktion treten, wenn die Betriebsabschaltung durch den normalen Steuerstromkreis versagt.
Für die Wegfühler in diesen Sicherheitsstromkreisen ist es typisch, daß sie lange Zeit nicht betätigt werden und ihre Funktion nicht laufend überwacht wird. Daher dürfen für diesen Zweck Wegfühler mit Permanentmagnet nicht eingesetzt werden.
Der Ausschluß gilt auch für Sicherheitsstromkreise, mit denen dem Überfahren von Wegstrecken vergleichbaren Gefahren begegnet werden soll, z. B. Druck- und Temperaturbegrenzung, deren Überschreiten zum Zerknall eines Behälters, zur Entzündung eines Ölbades führen würde.

In anderen Anwendungsfällen dürfen jedoch Permanentmagnet – betätigte Schutzgaskontakte eingesetzt werden, wenn sie
– für Sicherheitseinrichtungen verwendet werden und den für berührungslos wirkende Positionsschalter für Sicherheitsfunktionen geltenden Anforderungen (siehe oben)
– ohne Sicherheitsfunktion DIN VDE 0660 Teil 208/08.86
genügen.

Zu 3.
Der Schutz gegen unbeabsichtigtes Betätigen wird als eine mechanisch-konstruktive Forderung betrachtet, die nicht zu den Anforderungen einer elektrischen Ausrüstung gehört. In dieser Hinsicht wären dann die nationalen Unfallverhütungsvorschriften anzuwenden, insbesondere die Unfallverhütungsvorschrift »Kraftbetriebene Arbeitsmittel« (VBG 5) [5.1]. Auf jeden Fall muß erreicht werden, daß Wegfühler, bei denen eine Handbetätigung nicht verhindert werden kann, sicherheitsgerichtet wirken, d. h., die ungewollte Handbetätigung muß in der sicheren Richtung des Funktionsablaufes wirken, also entweder eine Ingangsetzung der Maschine verhindern oder die Maschine stillsetzen.
Die zusätzlichen Anforderungen (Schrägdruck) in DIN VDE 0113 Teil 1/02.86, Abschnitt 8.1.4, sollten auch ohne ausdrücklichen Wunsch des Betreibers allgemein angewendet werden:
– An der Maschine sind nur die unbedingt notwendigen Steuergeräte vorzusehen. Um Störungen durch ungleiche Kontaktgabe weitgehend auszuschließen, sollen die Steuergeräte nicht mehr als einen Wechsler bzw. einen Schließer **und** einen Öffner haben. Sind weitere Hilfsschalter erforderlich, sollen zur Kontaktvervielfachung Hilfsschütze oder Relais benutzt werden, gegebenenfalls unter Beachtung der Anforderung nach Abschnitt 5.7.1.
– Schutzart IP 55, auch im Hinblick auf die Gleichbehandlung mit Abschnitt 8.1.6.

Kontaktart
Wegfühler, die der Sicherheit dienen, müssen zuverlässig arbeiten. Bei den bewährten elektromechanischen Bauarten werden Öffnungskontakte verlangt, die bei Betätigung zwangsläufig öffnen. Die näheren Anforderungen sind in DIN VDE 0660 Teil 206/10.86 beschrieben. Die Eigenschaft Zwangsläufigkeit wird mit Symbolen gemäß Bild 5.7 c gekennzeichnet.
Wegen der Schaltpunktdifferenz zwischen Vor- und Rücklauf bei sprungbetätigten Schaltern sollten Wegfühler (Positionsschalter) vorzugsweise schleichbetätigt sein. Da Sprungkontakte bessere Schalteigenschaften als Schleichkontakte haben, bietet sich die Kombination eines Sprungkontaktes mit einem zwangsöffnenden Schleichkontakt an. Bei Einbau dieser Schalter muß darauf geachtet werden, daß über den für den Sprungkontakt erforderlichen Schaltweg hinaus der zusätzliche Betätigungsweg für den zwangsläufig wirkenden Sicherheitskontakt berücksichtigt wird, **Bild 8.1.4.**

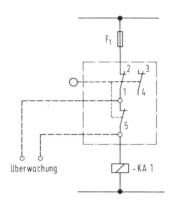
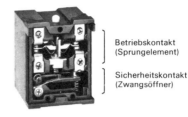

Betriebskontakt
(Sprungelement)

Sicherheitskontakt
(Zwangsöffner)

Bild 8.1.4. Kombination Sprungkontakt (1–2) mit zwangsöffendem Sicherheitskontakt (Foto: Firma Honeywell)

Zu 8.1.5   Elektromagnete

Dieser Abschnitt ist neu in DIN VDE 0113 Teil 1/02.86.
Die Einfügung unter Steuergeräten zeigt, daß hier nicht nur Hub- und Spannmagnete oder Vibratoren gemeint sind, sondern auch Magnete in Steuerventilen, Bremsen und Kupplungen.
Der Spannungsbereich von Brems- und Kupplungsmagneten entspricht DIN VDE 0580.
Die Spannungsbereiche bei Steuerventilen entsprechen denen von Schützen beim Anzug. Im Umkehrschluß wird der Abfallwert ebenso wie bei Schützen anzusetzen sein (Tabelle 5.5).

Zu 8.1.6   Druck- und Temperaturfühler

Generell gilt für diese Fühlerart mit mechanischen Kontakten eine Sprungbetätigung als notwendig, z. B. bei Bimetallen, Drucküberwachung pneumatischer Spannvorrichtungen.
Im übrigen sind die gleichen Auswahlprinzipien wie bei den »Wegfühlern« anzuwenden, sofern Druck- und Temperaturfühler mit Sicherheitsfunktion beaufschlagt sind (Abschnitt 8.1.4).

Zu 8.2   Handbetätigte Steuerschalter und Leuchtmelder

Im wesentlichen sind in DIN VDE 0113 Teil 1/02.86 die Anforderungen aus DIN 57 113/VDE 0113/12.73 fortgeschrieben.

109

Handbetätigte Steuerschalter, bisher als »Befehlsgeräte« bezeichnet, dienen dem willkürlichen Eingriff durch Personen in die Steuerung, siehe auch Bemerkung zu 8.1.
Handbetätigte Steuerschalter können sein
– verrastete Kipp- und Drehschalter,
– Schwenktaster,
– Drucktaster.

Um unbeabsichtigten Betätigungen vorzubeugen, sind abhängig von
– Antriebsart (Knebel, Druckknopf, Schwenktaster),
– Funktion (EIN-AUS)
Betätigungsrichtungen und Anordnung in IEC 447 bzw. DIN 43 602 festgelegt. Speziell für Drucktaster ist im Abschnitt 8.2.3 über Anordnung, Symbole und zusätzlich in dortiger Tabelle III über Farben alles Wesentliche gesagt. Die Empfehlungen für Farbgebung entsprechen IEC 73 bzw. DIN VDE 0199.
Neu eingeführt wurden in DIN VDE 0113 Teil 1/02.86 Symbole
– für Drucktaster, die abwechselnd als EIN- und AUS-Taster wirken,
– für Drucktaster, deren Befehle nur beim Drücken wirken: Totmannschaltung, Tippbetrieb.

Tabelle 8.2 a: Drucktaster – Aufschriften

Funktion		Symbol	Aufschrift auf Knopf
EIN		I	Text
Quittieren		–	Text
AUS		0	–
EIN und AUS		Ⓘ	–
Tippen	EIN	Ⓣ	–
sonst	AUS		

Tabelle 8.2 b: Pilztaster – Farben

Funktion		Pilztaster-Farbe	
NOT-AUS		ROT GELB unterlegt	
Auch EIN		Schwarz/ Grau	Schutzbügel 2 Hand-Bedienung
ungefährliche Nebenfunktion (Klingel)			ohne Schutzbügel

Eine Gegenüberstellung von Funktionen, Aufschriften bzw. Farben enthalten die **Tabellen 8.2 a und 8.2 b**.
Die intensive Behandlung von Druckknöpfen darf nicht zu dem Fehlschluß führen, für Knebel/Wippen von verrasteten Schaltern oder Schwenktastern gäbe es keine Forderungen. Da sie Doppelfunktion EIN/AUS, höher/tiefer, schneller/langsamer usw. haben können, gelten hinsichtlich Farbgebung die Forderungen nach Abschnitt 8.2.3.2.3, hinsichtlich Betätigungsrichtung DIN 43 602.

Zu 8.2.1 Zugänglichkeit der Schalter

Außer der generellen Anforderung, daß Bedienteile leicht erreichbar sein müssen, gilt neuerdings, daß sie zwischen 0,6 m und (nach Abschnitt 5.6.2.4) 1,9 m über der Arbeitsebene liegen müssen. Arbeitsebene ist mit Zugangsebene (Begriff im Abschnitt 2.19) gleichzusetzen.
Wie der Gefahr unbeabsichtigter Betätigung begegnet werden soll, wird nicht spezifiziert. Entsprechend bisheriger Übung hat sich bewährt:
– Druckknöpfe mit einem Schutzkragen versehen, **Bild 8.2.1 a** oder
– Druckknöpfe nicht in waagrechte und schwach geneigte Flächen einbauen,
– Pilztaster, Fußschalter mit Schutzbügel versehen, **Bild 8.2.1 b**.

Das gilt sowohl für EIN- als jetzt auch für AUS-Drucktaster.
Soll der Gefahr unbeabsichtigter Betätigung durch Sperren vorgebeugt werden, so dürfen diese nur durch Ziehen (nicht Drücken) aufgehoben werden, siehe auch DIN 43 602.

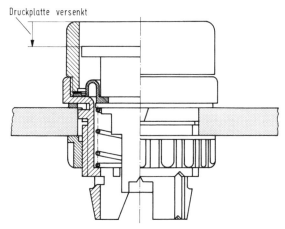

Druckplatte versenkt

Bild 8.2.1 a.   Drucktaster mit versenkter Druckplatte bzw. verlängertem Frontring; Schutz gegen versehentliches Betätigen

Bild 8.2.1 b. Pilztaster und Fußschalter mit Schutzbügel; Schutz gegen versehentliches Betätigen

Zu 8.2.2 Schutz gegen äußere Einflüsse

Hier gelten die gleichen Überlegungen wie in Abschnitt 8.1.2.

Zu 8.2.3 Druckknöpfe (Drucktaster)

Siehe Kommentar zu Abschnitt 8.2.

Zu 8.2.4 Leuchtmelder

Leuchtmelder werden in DIN VDE 0113 Teil 1/02.86 ausführlicher als bisher behandelt, um die Bedienungssicherheit zu erhöhen. Daher ist die Anwendung darauf abgestellt, an Bedienständen nur Betriebszustände anzuzeigen. Abseits von Bedienständen können Schaltzustände mit anderem Farbcode angezeigt werden, z. B. Rot für EIN.
Betriebszustände, die Betriebsmittel annehmen können oder denen sie ausgesetzt sind, sind z. B.:
Stillstand,
Bewegung,
Geschwindigkeit,
Beschleunigung,
Verzögerung,
Druck,
Temperatur,
Feuchtigkeit.

Wenn der Hauptmotor einer Maschine läuft oder wenn die Kühlmittelpumpe ausgefallen ist und steht oder wenn die Heizung eingeschaltet ist, sind das Betriebszustände. Man kann sie unmittelbar durch Sensoren (Druckschalter, Positionsschalter usw.) oder mittelbar durch die Stellung des zugehörigen Schaltgerätes feststellen.
Schaltgeräte haben demgegenüber nur **Schaltzustände**, und zwar den Schaltzustand EIN oder den Schaltzustand AUS.
Zum elektrischen Teil von Leuchtmeldern wird auf DIN VDE 0660 Teil 205 verwiesen; dort sind Leuchtmelder als Meldegeräte definiert, die »durch Aufleuchten oder Erlöschen eines Lichtsignals eine Information« geben.
Bei größeren Ausrüstungen von Maschinen ist Stand der Praxis, Meldestromkreise aus eigenen Transformatoren oder aus getrennten Wicklungen von Steuertransformatoren zu versorgen.
Der Vermerk »für Leuchtmelder bis 24 V werden Bajonettfassungen empfohlen« deutet auf das Funktionsversagen bei Lockerung hin. Für Bajonettfassungen gilt DIN 49 710 (Größe BA 7s) und DIN 49 715 (Größe BA 9s). Auch Steckfassungen können verwendet werden, keinesfalls jedoch Schraubfassungen, und zwar unabhängig von der Spannung.
Nicht nur die Lockerung in der Fassung, auch Fadenbruch durch Erschütte-

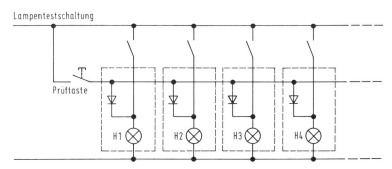

Lampentestschaltung

Prüftaste

H1 ⊗   H2 ⊗   H3 ⊗   H4 ⊗

Bild 8.2.4. Lampentestschaltung

rung bei Meldelampen mit überwiegend kleinen Leistungen beeinträchtigen die Funktion der Leuchtmelder. Daher verlangt z. B. VDI 3231, 6-V- bzw. 30-V-Lampen nur mit 5,4 bzw. 24 V zu betreiben. Nach DIN VDE 0660 Teil 205 werden bei Speisung über eingebaute Transformatoren Spannungen von 6 V, 12 V und 24 V empfohlen. Allgemein sollten daher für Meldestromkreise Spannungen bis 24 V bevorzugt werden.
Bei komplizierten Steuerungen sollten Lampenprüfschaltungen vorgesehen werden, **Bild 8.2.4.**

Zu 8.2.4.1 Anwendungsarten
Außer durch Farben müssen die Grundzustände »Anzeige« und »Bestätigung« meist noch durch Symbole (siehe z. B. DIN 30 600 oder DIN 40 100) und Texte zusätzlich unterscheidbar gemacht werden.

Zu 8.2.4.2 Blinksignale
Weitere Möglichkeiten, Betriebszustände anzuzeigen, sind Blinksignale, siehe IEC 73, identisch mit DIN VDE 0199, mit Blinkfrequenzen nach DIN 19 235, geeignet vor allem für große Maschinen und Transferstraßen.

Tabelle 8.2.4.3: Leuchtdrucktaster – Funktionen und Farben

Aufgabe	Melden Rufen	Steuern
Reaktion	Quittieren (Steuern)	Vollzugsmeldung
Farben	(ROT) GELB GRÜN BLAU	WEISS

114

Zu 8.2.4.3   Farben für Leuchtmelder
Die für Leuchtmelder nach Tabelle IV (praktisch gleich mit Tabelle 1 in
DIN VDE 0199) empfohlenen Farben beziehen sich auf Betriebszustände.
Besonders zu beachten ist, daß ROT sowohl anormale **Betriebs**zustände
zeigt, aber auch (abseits von Maschinen-Bedienständen) den normalen
Schaltzustand »EIN«.
Natürlich ist die Farbfestlegung unabhängig davon, wie das Leuchten erzeugt
wird. Daraus ergeben sich für Bedienstände Einschränkungen für die Anwen-
dung von Glimmlampen und LED-Anzeigen.

Zu 8.2.5   Leuchtdrucktaster

Dieser Abschnitt enthält gegenüber früher keine abweichenden Anforderungen. Die Aussagen in DIN VDE 0199/02.78 (identisch mit IEC 73) waren
bereits weitgehend in DIN 57 113/VDE 0113/12.73 enthalten und werden in
der neuen DIN VDE 0113 Teil 1/02.86 fortgeschrieben.
Leuchtdrucktaster vereinigen zwei Funktionen:
● Steuern und Betätigen,
● Auffordern, Melden, Rufen.

Mit Leuchtdrucktastern ist eine Vielzahl von Funktionskombinationen möglich, die eine Anweisung für das Verhalten oder eine Aufforderung für das
Bedienpersonal beinhalten.
Bei Auswahl von Leuchtdrucktastern müssen folgende Forderungen erfüllt
werden:
– eindeutige Zuordnung der Farbe zur Funktion (Tabelle V),
– bei Blinken Frequenz nach DIN 19 235,
– zuverlässige Anzeige, also zuverlässiges Leuchten der eingebauten Lampen.

Wie bei Leuchtmeldern sollten – um den Ausfall wichtiger Lampen zu bemer-
ken – auch hier Lampenprüfschaltungen vorgesehen werden. Allerdings gelten Leuchtdrucktaster, die nur zur Kontrolle ihrer eigenen Lampen betätigt
werden, nicht als Leuchtdrucktaster, sondern als Leuchtmelder (VDE 0199).
Für die Lampenauswahl und die Lampenspannung gelten die gleichen Überlegungen wie für Leuchtmelder, Abschnitt 8.2.4.

Zu 9   Leitungen, Kabel und Leiter

Gegenüber der IEC-Publikation 204-1 hat CENELEC in EN 60 204-1 eine geringfügige Umstellung vorgenommen und verschiedene Informationen aus dem IEC-Abschnitt 9.3 an den Anfang gestellt, weil sie für das ganze Kapitel gelten.
Die Anforderungen sind je nach Verlegungsart verschieden:
a) in Gebäudekonstruktion einbezogen,
b) maschinengebunden,
c) innerhalb von Schaltgerätekombinationen.

Bei a) gelten die für Starkstromanlagen erarbeiteten Regeln für PVC-isolierte Leitungen (IEC 227-1 = HD 21.1 S2 = DIN VDE 0281), gummiisolierte Leitungen (IEC 245-1 = HD 22.1 S2 = DIN VDE 0282) und für Querschnittsdimensionierung (IEC 364-5-52). Das letztere Dokument ist bei IEC in Abschnitt 9.3.1 aufgeführt und vom zuständigen deutschen Komitee zunächst abgelehnt worden; es wird aber europaweit harmonisiert.
Es wird daher empfohlen, in Deutschland die Dimensionierung von Leitungen vorläufig nach DIN VDE 0100 Teil 523 A1 (Rosadruck, Übersetzung von IEC 364-5-52) vorzunehmen. Diesbezügliche Informationen für PVC-Mantelleitungen werden auch in DIN VDE 0298 Teil 4 (derzeit Gelbdruck) enthalten sein.
Bei c) gilt in Deutschland DIN VDE 0660 Teil 500, die weitgehend mit der IEC-Publikation 439 übereinstimmt. Ihre europaweite Harmonisierung ist bereits in Vorbereitung.
Nur für die maschinengebundene Verdrahtung gelten die folgenden Abschnitte 9.1 bis 9.3.

Zu 9.1   Arten von Leitern, Leitungen und Kabeln

Eindrähtig oder mehr- bzw. feindrähtig
Gegenüber DIN 57 113/VDE 0113/12.73 neu aufgenommen wurde die »zusätzliche Anforderung des Betreibers«, **alle** Leiter mit einem Querschnitt von 0,5 mm^2 und größer mehr- oder feindrähtig auszuführen.
Damit hat man sich zu der in der Praxis bereits seit langem in immer höherem Maße verwendeten Leiterart bekannt; offensichtlich erwartet man von ihr doch eine höhere Betriebssicherheit; nebenbei sei erwähnt, daß in der modernen Werkstattechnik bei der Innenverdrahtung von Schränken und Gehäusen auch wirtschaftliche Erwägungen gegen die Verwendung eindrähtiger Leitungen sprechen. In Deutschland gilt für Leiter DIN VDE 0295

(HD 386); es wird zwischen feindrähtigen (Klasse 5) und feinstdrähtigen (Klasse 6) Leitern unterschieden; letztere werden bei »hochflexiblen« Leitungen verwendet.

Häufig bewegte Leiter
Die in DIN 57 113/VDE 0113/12.73 festgeschriebene Forderung nach angemessener Schleifenlänge ist nicht mehr enthalten. Man ist der Ansicht, daß Biegebeanspruchungen bei feindrähtigen Leitungen keine Rolle mehr spielen und die zugfreie Leitungsverlegung zum selbstverständlichen Allgemeinwissen des Personals gehört. Die VDI-Richtlinie 3231 (gültig nur bei Vereinbarung der Geschäftspartner) verlangt bei mehr als 1 Bewegung/h die Verwendung hochflexibler Leitungen.

Blanke Schienen oder Rundleiter
Blanke massive Leiter hinter dem Hauptschalter sind zwar grundsätzlich erlaubt, empfehlen sich aber nur in Form von Sammelschienen im oberen Randbereich von Schaltschränken, wo sie relativ leicht gegen zufälliges Berühren bei geöffnetem Schrank (siehe Abschnitt 5.1.1.1) geschützt werden können, oder bei Verbindungen für sehr hohe Stromstärken, bei denen der Aufwand für diese Abdeckungen nicht mehr ins Gewicht fällt.

Zu 9.2 Isolation von Leitungen

Chemische Widerstandsfähigkeit
Hier wird auf die (normale) Gefährdung durch die an der Maschine verwendeten Schmiermittel und sonstigen flüssigen Medien hingewiesen. Es sind auch andere Isoliermaterialien zulässig, wenn sie mindestens die chemische Resistenz von PVC aufweisen.
Zusätzlich wird auch auf besondere Bedingungen (thermisch, chemisch) aufmerksam gemacht und eine hierfür angemessene Isolierung verlangt. Beispiele hierfür sind A05SJ-K, H05SJ-K, NYFAW, N4GA, N7YA, N2GFA (einadrig) und N2GSA, N2GMH2G, NSSHÖU (mehradrig) sowie NUM.

Mechanische Widerstandsfestigkeit
Es wird besonders auf die Gefährdung bei der Verlegung in Leitungskanälen hingewiesen, weil dabei entstandene Fehlerstellen meist optisch nicht erkennbar sind.

Prüfspannung
1500 V~ wird jetzt schon bei Stromkreisen mit über 50 V~ (Effektivwert) oder 120 V– (Spitzenwert) verlangt. In DIN 57 113/VDE 0113/12.73 galt diese Forderung nur bei Spannungen über 75 V.

Zu 9.3 Leiterquerschnitt

Hier wird zunächst vom »höchstmöglichen Dauerstrom bei üblichen Betriebsbedingungen« gesprochen. Diese Formulierung ermöglicht die Dimensionierung von Leiterquerschnitten für einen Stromwert, der unterhalb der arithmetischen Summe der Ströme aller angeschlossenen Betriebsmittel liegt. So wird man die gemeinsame Zuleitung zu den Vorschubantrieben einer Werkzeugmaschine und auch einen gemeinsamen Zwischentrafo nicht nach der Summe der Nennströme aller Vorschubmotoren auslegen, sondern auf den Nennstrom des größten Motors zuzüglich der Summe der mit einem Reduktionsfaktor (z. B. 0,5) multiplizierten Nennströme der übrigen Motoren. Dieser Reduktionsfaktor hängt von der durch das Betriebsprogramm bestimmten Gleichzeitigkeit der Belastungsspitzen in den verschiedenen Antrieben ab.

Neu ist auch der Hinweis auf die Umgebungsverhältnisse, besonders auf wärmeerzeugende (z. B. Widerstände) und wärmeempfindliche (z. B. Elektronik) Betriebsmittel.

Die »Information zum IEC-Originaltext« ist unter Beachtung formaler CENELEC-Richtlinien entstanden und mußte wörtlich übernommen werden. »Der zweite Absatz von Abschnitt 9.3 ist nicht enthalten« könnte leicht zu der falschen Interpretation verleiten, der zweite Absatz sei gestrichen worden. Tatsächlich wurde er nur weiter vorne eingefügt, weil er auch für die Abschnitte 9.1 und 9.2 gilt.

Durch die Anmerkung wird die Verdrahtung von elektronischen Stromkreisen kleiner Stromstärke innerhalb eigener Gehäuse von den Abschnitten 9.3.1 bis 9.3.3 ausgenommen.

Zu 9.3.1 Strombelastbarkeit

Wie aus dem ANHANG B abgeleitet werden kann, muß der Querschnitt unter Beachtung des gesamten Anhangs B1 ermittelt werden, wobei die Spalten 2 und 3 der TABELLE B II für normale Anforderungen und die Spalten 4 und 5 für zusätzliche Anforderungen des Betreibers lediglich die Ausgangsbasis darstellen.

Für die »Information zum IEC-Originaltext« gilt wiederum, daß der dritte Absatz nicht gestrichen, sondern lediglich in den gemeinsamen Vorspann zu Abschnitt 9 vorgezogen worden ist.

Als Anhaltspunkt für die Zulässigkeit der Berücksichtigung der Effektivwerte bei Aussatzbetrieb kann der in **Bild 9.3.1** dargestellte Zusammenhang zwischen Zeitkonstante und Leiterquerschnitt dienen.

Zu 9.3.2 Spannungsfall

Der Spannungsfall kann die Funktionssicherheit beeinträchtigen, wenn er zur Unterschreitung der in Tabelle 5.5 angegebenen Spannungsgrenzwerte für die jeweiligen Betriebsmittel führt.

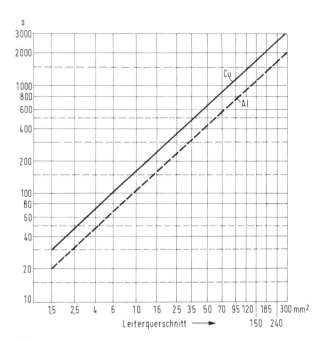

Leiterquerschnitt ⟶

Bild 9.3.1. Erwärmungszeitkonstanten von Dreileiterkabeln
Quelle: Lothar Heinhold, Kabel und Leitungen für Starkstrom

Ein weiterer Grund für Verlegung größerer Querschnitte kann die Anwendung der in Abschnitt 5.1.2.1 beschriebenen Methode »Schutz durch selbsttätiges Abschalten der Spannung« im Fehlerfall (Nullungsbedingungen) sein. Die Verlegung größerer Querschnitte hat dabei den Zweck, durch Erhöhung des Fehlerstromes eine schnellere Reaktion der Schutzeinrichtung zu bewirken.

Zu 9.3.3 Mindestquerschnitte von Kupferleitern

Die TABELLE VI zeigt in übersichtlicher Anordnung die notwendigen Informationen und gleichzeitig die Angaben der Querschnitte in AWG (American Wire Gauge). Gegenüber DIN 57 113/VDE 0113/12.73 hat sich geändert:
– Zwischen ein- und mehrdrähtigen Leitungen wird nur noch bei einadrigen Leitungen außerhalb von Gehäusen unterschieden.
– Für Verbindungen von Niederstromkreisen, wie z.B. Logik in elektronischen Steuerungen, werden Querschnitte von 0,2 mm^2 innerhalb von Gehäusen zugelassen.

Allgemein erweitert sich also der zulässige Querschnittsbereich nach unten, was die gestiegene Qualität der Leitungen selbst und der beim Anschließen verwendeten Bearbeitungswerkzeuge widerspiegelt.

120

Zu 10 Verdrahtung

Zu 10.1 Allgemeines

Zu 10.1.1 Anschlüsse

Hier wird besonders auf die Wichtigkeit der Schutzleiteranschlüsse hingewiesen. Die in DIN 57 113/VDE 0113/12.73 geäußerten Bedenken gegen Lötanschlüsse sind entfallen, Löten wird hier zunächst gleichberechtigt mit Schraubklemmen und den modernen Methoden Wickeln und Quetschen aufgeführt. Allerdings wird die Problematik der Lötverbindungen in Abschnitt 10.1.5 (Kabelschuhe) erwähnt.

Neu ist die Vorschrift im letzten Absatz; mit ihr sollen Gefahren durch unsachgemäß vom Betreiber vorgenommene Verdrahtungsänderungen vermieden werden. Solche Hinweise können z.B. in Angabe von Typ und Hersteller des erforderlichen Werkzeuges bestehen.

Zu 10.1.2 Verlegung von Leitungen

Zu 10.1.2.1
Das Verbot von Zwischenverbindern soll das mit ihrer Verwendung erhöhte Fehlerrisiko an möglicherweise unzugänglichen Stellen vermeiden; die leicht zugänglichen Anschlußkästen erleichtern Montage, Fehlersuche und etwaige Schaltungsänderungen.

Zu 10.1.2.3
Mit dieser Maßnahme sollen im Fehlerfall die Berührungsspannung und die Auslösezeit der Schutzeinrichtung niedriggehalten werden.

Zu 10.1.3 Verbindungen zu sich bewegenden Teilen

Die in DIN 57 113/VDE 0113/12.73 erhobene Forderung nach eigenen Anschlußstellen für die Verdrahtung von Geräten auf abnehmbaren Türen wird nicht mehr allgemein erhoben. Die Formulierung »unabhängig vom Leiteranschluß« (im englischen Originaltext: »independently of the fixing of the ends on terminals«) deutet aber auf solche Anschlußstellen hin. Es empfiehlt sich daher, Türen durch geeignete mechanische Verriegelungsmaßnahmen nur mit Werkzeugen abnehmbar auszuführen, um diesen Zusatzaufwand zu vermeiden. Ausdrücklich vorgeschrieben werden solche Zwischenklemmen oder -steckvorrichtungen in den »Besonderen Forderungen des Betreibers« in Abschnitt 10.3.2.

Zu 10.1.4 Leiter von verschiedenen Stromkreisen

Es sollte aber auch bei ausreichender Isolierung der Einzelleiter vermieden werden, elektronische Steuerleitungen mit niedrigem Spannungs- und Leistungsniveau in der Nähe von leistungsstarken Netzspannungsverdrahtungen anzuordnen (Gefahr von Beeinflussungen).
Erleichtert wird die getrennte Verlegung durch getrennte Anordnung der mit Netzspannung betriebenen Geräte, siehe Zusatzforderungen des Betreibers zu Abschnitt 7.2.4. Etwas weniger gefährlich sind über Isoliertrafos abgetrennte Wechselspannungskreise, da die Transformatoren als Siebglieder für die besonders kritischen hochfrequenten Störspannungsanteile wirken.
Mit den »nicht den über den Hauptschalter geführten Stromkreisen« sind alle Leiter gemeint, die trotz abgeschaltetem Hauptschalter unter Spannung stehen können.

Zu 10.1.5 Kabelschuhe

Die Einordnung aller Lötverbindungen unter dieser Überschrift ist nicht optimal, weil der Text sinngemäß besser zu Abschnitt 10.1.1 »Anschlüsse« paßt (wie auch in DIN 57 113/VDE 0113/12.73).

Zu 10.1.6 Klemmen- und Anschlußkästen

Die leicht zugänglichen Gehäuse ermöglichen eine einfache Montage und erleichtern die Fehlersuche. Allgemein ist Schutzart IP 54 nach DIN 40 050 als Mindestanforderung vorgeschrieben, der auch die Leitungseinführungen genügen müssen. In Vorbereitung sind aber spezielle Richtlinien für Industrienähmaschinen (bisher VDE 0114), die auch IP 40 bzw. IP 20 in entsprechend sauberen Räumen zulassen.
Von ausbrechbaren Einführungen wird abgeraten, weil sie das Risiko beinhalten, besonders nach nicht sorgfältiger Montage ungenügend dicht zu sein.

Zu 10.2 Kennzeichnung von Leitern

Zu 10.2.1 Kennzeichnung des Schutzleiters (PE) und des Neutralleiters (N)

Seit 1980 wird auch in der deutschen Norm der Begriff des Neutralleiters anstelle des Mittelleiters in DIN 57 113/VDE 0113/12.73 verwendet. Nach der neuen Lesart gilt der Begriff Mittelleiter nur noch für Gleichstrom.

Zu 10.2.2 Kennzeichnung anderer Leiter

Die farbige Kennzeichnung der einadrigen Leitungen ist nicht selbstverständlich, sondern muß extra verlangt werden. Der Fragebogen im Anhang enthält keine diesbezügliche Frage. In diesem Zusammenhang sei darauf hingewiesen, daß DIN 40 705 (Farbige Kennzeichnung isolierter Leiter) ausdrücklich die **einfarbige** Verdrahtung in Schaltschränken und Gerätekombinationen empfiehlt. Im allgemeinen bringt die mehrfarbige Verdrahtung nämlich beim Betrieb keine ins Gewicht fallenden Vorteile mit sich, kompliziert aber Projektierung und Fertigung (**Bild 10.2.2**).

Neu ist die empfohlene orangefarbige Kennzeichnung von Verriegelungsstromkreisen. Damit wird sowohl vor Gefährdung durch Spannung trotz abgeschalteten Hauptschalters gewarnt als auch vor Gefahren, die in anderen Anlagenteilen entstehen können, wenn solche Leitungen, z.B. beim Austausch von Betriebsmitteln, abgeklemmt werden.

Meldestromkreise sind wie Steuerstromkreise zu behandeln, d.h. mit Wechselstrom ROT (auch die mit N bzw. PE verbundenen Leiter) und mit Gleichstrom BLAU. Der Begriff »Hilfsstromkreis« wird nicht mehr verwendet.

Die in Anmerkung 1 verlangte grün-gelbe Kennzeichnung der Verbindung vom Steuerstromkreis mit dem Schutzleitersystem wurde gewählt, da sie auch dem Schutz vor Gefahren dient, zwar nicht dem Personenschutz vor Berührungsspannungen, aber dem Schutz gegen unbeabsichtigten Anlauf durch Erdschlüsse (Abschnitt 6.2.2).

Das Verbot der blauen Kennzeichnung gilt nur für Steuerstromkreise mit Wechselspannung. Wenn farbige Kennzeichnung verlangt ist, müssen alle

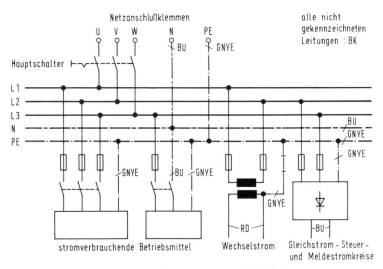

BK schwarz, BU blau, GN grün, RD rot, YE gelb, (DIN IEC 747)

Bild 10.2.2. Beispiel einer mehrfarbigen Verdrahtung

Gleichstromleiter, auch der mit dem Schutzleiter verbundene, blau gekennzeichnet sein.

Auch in mehradrigen Leitungen und Kabelbäumen darf die Kombination GRÜN-GELB nur für den Schutzleiter verwendet werden.

Zu 10.3   Verdrahtung innerhalb von Gehäusen

Diese Vorschrift soll spätere Änderungen erleichtern, wenn die Schränke Rücken an Rücken oder mit dem Rücken zur Wand aufgestellt wurden.

Zu 10.3.1   Innere Leitungskanäle

Die unter »Zusätzliche Anforderungen des Betreibers« verlangte Verdreifachung des Reserveplatzes gegenüber der Normalausführung erleichtert nicht nur spätere Änderungen, sondern verringert auch die gegenseitige Erwärmung der in den Kanälen verlegten Leitungen.

Die Forderung nach angemessener Befestigung von nicht in Leitungskanälen verlegten Leitungen gilt auch als erfüllt, wenn kurze Leitungsstücke (< 150 mm) zwischen verschiedenen Anschlußstellen eines Betriebsmittels oder unmittelbar benachbarter Betriebsmittel verlegt sind. Zweck der Forderung ist die Verringerung von durch mechanische Erschütterungen oder Stromkräfte bewirkten Schwingungsbewegungen der Leiter in der Nähe ihrer Anschlußstellen, die zum Lockern des Anschlusses oder zum Leiterbruch führen könnten. **Bild 10.3.1** zeigt ein Beispiel ausreichend befestigter Leitungen.

Bild 10.3.1.   Ausreichend befestigte Leitungen durch Kammplatten aus Isolierstoff

124

Zu 10.3.2 Zwischenklemmen und Steckvorrichtungen

Die Forderung ist gegenüber DIN 57 113/VDE 113/12.73 etwas abgemildert worden. Es wird nicht mehr von »allen Leitern«, sondern nur noch von »Steuer-und Meldeleitungen« gesprochen, die über Zwischenklemmen geführt werden müssen, wenn mehr als zehn Leiter in ein Gehäuse hineinführen. Daher brauchen Reserveadern von Kabeln nicht mehr auf Klemmen gelegt zu werden.
Hauptstromleitungen können wie bisher direkt am Betriebsmittel angeklemmt werden. Das setzt allerdings voraus, daß innerhalb des Schrankes genügend Platz und Befestigungsmöglichkeiten für die Verlegung der Kabeladern vorgesehen sind.

Zu 10.4 Verdrahtung außerhalb von Gehäusen

Zu 10.4.1 Äußere Leitungskanäle

Die Anforderungen an diesen Schutz hängen von den jeweiligen Randbedingungen der Maschine ab. Sofern der mechanische Schutz nicht durch die Konstruktion der Maschine sichergestellt ist, empfiehlt sich die Verlegung je nach den möglichen Beanspruchungsarten in Kunststoff- oder Stahlrohren mit gegebenenfalls flexiblen Endstücken.

Zu 10.4.1.1
Wie schon in DIN 57 113/VDE 0113/12.73 wird die Forderung auf nachträgliche Einzugsmöglichkeit für Hauptstromleitungen nicht erhoben, weil man davon ausgeht, daß letztere nur sehr selten nachträglich verlegt werden und dann auch aus Erwärmungsgründen besser einen eigenen Kanal erhalten sollten.

Zu 10.4.1.2 und 10.4.1.3
Neu ist die Forderung an die innere Beschaffenheit dieser Leitungskanäle, die eine Beschädigung der Leitungsisolierung verhüten soll, ferner die Vorschrift der Schutzart IP 54 nach DIN 40 050 für Leitungskanäle innerhalb des Maschinenrahmens.

Zu 10.4.1.4
Die Anforderungen an den Schutz der Leitungskanäle wurden gegenüber DIN 57 113/VDE 0113/12.73 erheblich ausführlicher beschrieben, besonders im Hinblick auf Bearbeitungszonen, bewegte Maschinenteile und Verkehrsbereiche. Neu ist auch der Hinweis auf IEC Publikation 364, Kapitel 52 (siehe Erläuterung zu Abschnitt 9).

Zu 10.4.1.5
Zum Unterschied von DIN 57 113/VDE 0113/12.73 wird hier davon ausgegangen, daß elektrische Leitungen nicht offen, sondern nur in Schutzrohren verlegt sind, welche mit Öl- oder Wasserleitungen verwechselt werden könnten. Die elektrischen Schutzrohre können im Bereich möglicher Verwechslung z. b. durch einen auffälligen Farbanstrich gekennzeichnet werden, dessen mechanische und chemische Widerstandsfähigkeit allen Belastungen am Einbauort gewachsen sein muß.

Zu 10.4.1.6
Dieser Abschnitt läuft unter »Zusätzliche Forderungen des Betreibers«; er legt lediglich untere Grenzen für die mechanische Festigkeit und die Schutzart fest, die auch unter günstigen Umgebungsbedingungen nicht unterschritten werden dürfen.

Zu 10.4.2   Verbindungen zu sich bewegenden Maschinenteilen

Flexible Leitungen sind in Deutschland in DIN VDE 0250, Tafel 2, fein- und feinstdrähtige Leiter in den Tafeln 4 und 5 genormt.

Zu 10.4.2.1
Neu ist die Festlegung des Biegeradius auf mindestens den 10fachen Außendurchmesser der Leitung. Damit wird für Leitungen unter 600 V eine gegenüber den Anforderungen von DIN VDE 0298 Teil 3 erhöhte Sicherheit erreicht.

Zu 10.4.2.2
Es wurde ein in der elektrischen Installationstechnik seit langem selbstverständliches Verbot übernommen. In Sonderfällen können aber PVC-Mantelleitungen mit zugfester Bewehrung nach DIN VDE 0250 Teil 205 oder Leitungstrossen nach DIN VDE 0250 Teil 813 eingesetzt werden, wenn das Trageorgan mit mindestens 5facher Sicherheit dimensioniert wird.

Zu 10.4.2.3
Die allgemein gehaltenen Forderungen aus DIN 57 113/VDE 0113/12.73 wurden etwas genauer gefaßt. Neu ist das Verbot von flexiblen Metallschläuchen bei schnellen oder häufigen Bewegungen, eine Maßnahme zur Steigerung des Sicherheitsniveaus.

Zu 10.4.3   Verbindungen zwischen Betriebsmitteln an der Maschine

Diese Maßnahme soll die Lokalisierung von Fehlern in der Maschinensteuerung erleichtern. Bei dem zunehmenden Anteil elektronischer Maschinensteuerungen ist die Vermeidung der Reihenschaltung von Kontakten schon aus Gründen der Betriebssicherheit empfehlenswert.

Offen bleibt die Frage, wann eine Maschine als komplex einzustufen ist. Als pragmatische und einfach zu handhabende Regel empfiehlt sich: Alle Maschinen nach »Zusätzlichen Forderungen des Betreibers«, außerdem alle Stromwege mit mehr als zwei in Reihe oder parallel geschalteten Steuergeräten.

Zu 10.4.4 Steckvorrichtungen

Entsprechend dem stark ausgeweiteten Einsatz von Steckverbindungen wurde dieser Abschnitt erheblich präziser gefaßt und damit umfangreicher. Die Abschnitte 10.4.4.4 und 10.4.4.5 entsprechen sinngemäß DIN 57 113/ VDE 0113/12.73. Andererseits entfiel die Forderung nach der Mindestschutzart IP 23 für zweipolige Schutzkontakt-Steckverbindungen. Die Festlegung der Schutzart nach Abschnitt 7.2.1 dürfte meist zu einer höheren Schutzart führen.
Eine Übersicht über Steckvorrichtungen für den Netzanschluß elektrischer Betriebsmittel und die zugeordneten Normblätter gibt DIN 49 400 »Wand-, Geräte- und Kragensteckvorrichtungen«; dabei ist zu beachten, daß die Steckvorrichtungen nach DIN 49 402, 49 450, 49 451, 49 490, 49 491 inzwischen zurückgezogen worden sind.

Zu 10.4.5 Demontage für den Versand

Die Anforderungen wurden gegenüber DIN 57 113/VDE 0113/12.73 nur geringfügig umformuliert; Kapselung der Anschlüsse wird nicht mehr verlangt, nur noch »ausreichender Schutz«.

Zu 10.4.6 Reserveleiter

Dieser neue Abschnitt läuft unter »Zusätzliche Anforderungen des Betreibers« und stellt einen zusätzlichen Komfort dar. Für normale Ausrüstungen wird im Abschnitt 10.4.1.1 Leitungskanäle lediglich empfohlen, Platz für zusätzliche Steuerleitungen vorzusehen.

Zu 11   Elektromotoren

Zu 11.1   Allgemeine Anforderungen

Diese Publikation ist europaweit harmonisiert und läuft in Deutschland unter DIN VDE 0530.

Zu 11.3   Kenndaten

Dieser Abschnitt ist gegenüber DIN 57 0113/VDE 0113/12.73 wesentlich ausführlicher gestaltet worden. Es wird detailliert auf die verschiedenen Betriebsarten und Betriebsparameter hingewiesen. Während die Dimensionierung nach der im Dauerbetrieb erforderlichen Leistung relativ einfach ist, müssen bei den anderen beiden Betriebsarten ziemlich umfangreiche Berechnungen unter Berücksichtigung auch der angetriebenen Schwungmassen durchgeführt werden. Zu starke Überdimensionierung ist nicht nur in der Anschaffung teuer, auch im späteren Betrieb entstehen unnötige Verluste und überhöhte Blindleistungsaufnahme.

Neu ist auch die »Zusätzliche Forderung des Betreibers« nach Isolationsklasse 120 (E) der IEC Publikation 85 (entsprechend DIN VDE 0530), ferner die Empfehlung, für Wendebetriebsmotoren und Motoren über 7,5 kW einen eingebauten thermischen Überstromschutz oder einen gleichwertigen Schutz vorzusehen. Dieser Wunsch resultiert aus der Erkenntnis, daß normale Motorschutzschalter oder Bimetallrelais zwar billiger sind, aber aus physikalischen Gründen meist nur einen nicht optimalen Schutz gewährleisten können. Siehe auch Abschnitt 5.3.1 (Schutz von Motoren).

Zu 11.4   Gehäusearten

Der zweite Absatz würde besser unter Abschnitt 11.7 (Anordnung) passen. Bei platzsparender Bauweise oder mechanisch geschütztem Einbau in Nischen des Maschinenkörpers ist besonderes Augenmerk auf die Wärmeabfuhr erforderlich.

Zu 11.6   Anlaufarten

Dieser Abschnitt soll gegebenenfalls bei der Ausfüllung des Fragebogens helfen. (ANHANG A, Frage 21: Leistungsgrenze für direkten Anlauf am Netz)

Zu 11.7   Anordnung

Neu ist der Hinweis auf die Gefahr der Beschädigung beim Auswechseln und auf Öffnungen zwischen Motor-Einbauraum und den anderen Teilen der Maschine. Siehe auch Abschnitt 11.4.

Zu 12 Anschluß von Zubehör und Arbeitsplatzbeleuchtung

In DIN 57 113/VDE 0113/12.73 wurden nur zur Arbeitsplatzbeleuchtung Aussagen gemacht.

Zu 12.1 Anschluß von Zubehör

Zu 12.1.1 Stromversorgung

Durch Verwendung anderer Steckdosentypen sollte eine Verwechslung dieser Steckdosen mit den für Wartungszwecke (siehe Abschnitt 5.6.2.5) vorgesehenen Steckdosen ausgeschlossen werden. Für die Verwendung von Schutzkleinspannung spricht z. B. die Notwendigkeit, Arbeiten bei begrenzter Bewegungsfreiheit in leitfähiger Umgebung auszuführen (siehe z. B. DIN VDE 0100 Teil 706).

Zu 12.1.2 Schutz

Der Schutz der jeweiligen Kombination Zuleitung – Steckdose richtet sich natürlich nach dem schwächeren Glied.

Zu 12.2 Arbeitsplatzbeleuchtung an der Maschine

Zu 12.2.1 Stromversorgung

Die Argumente für den Transformator mit getrennten Wicklungen sind die gleichen, die für die Verwendung von Steuerspannungstransformatoren sprechen (siehe Abschnitt 6.1.1). Die in manchen Ländern vorgeschriebenen niedrigeren Lampenspannungen sollen Unfallgefahren verringern; die Beleuchtungskreise für Wartung und Reparaturarbeiten brauchen nämlich nicht durch den Hauptschalter spannungsfrei gemacht zu werden (siehe Abschnitt 5.6.2.5).

Zu 12.2.2 Schutz der Lichtstromkreise

Dadurch sollen Störungen des Betriebes und der Produktion durch Kurzschlüsse in den Beleuchtungsstromkreisen vermieden werden **(Bild 12.2.2)**.

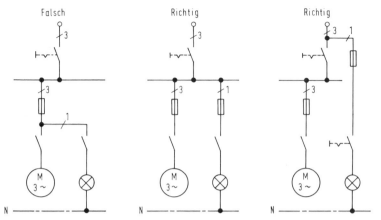

Bild 12.2.2. Absicherung von Lichtstromkreisen; Beleuchtung bei offenem Hauptschalter nur in der rechts dargestellten Schaltung möglich

Zu 12.2.3 Leuchten

In Deutschland unterliegen Leuchten der VDE 0710.

Zu 12.2.4

Um die von stroboskopischen Effekten verursachte Irritation des Bedienungspersonals zu verringern, kann man jeweils zwei Leuchtstoffröhren in Duo-Schaltung mit phasenverschobener Lichtwelligkeit verwenden. Völlig ruhiges Licht kann mit elektronischen Vorschaltgeräten erreicht werden, die außerdem die Lichtausbeute steigern.

132

Zu 13   Prüfungen

Dieser Abschnitt ist gegenüber DIN 57 113/VDE 0113 /12.73 durch ein vorgeschaltetes Prüfungsverzeichnis ergänzt worden. Am Inhalt hat sich nichts Wesentliches geändert.
Die vorgeschriebenen Stückprüfungen (an **jeder** Maschine **vor** Übergabe an den Kunden auszuführen) sollen lediglich den Nachweis erbringen, daß keine groben Material- oder Fertigungsfehler vorliegen.
Dagegen ist es Aufgabe der Typprüfung, nachzuweisen, daß das gesamte Maschinenkonzept und die Dimensionierung der einzelnen Betriebsmittel den Anforderungen des Auftraggebers entsprechen. Die Typprüfung braucht daher für jeden Typ einer Maschine nur einmal durchgeführt zu werden.
Im Rahmen der Wartung erforderliche Prüfungen sind in der Wartungsanleitung (siehe Abschnitt 3.2.4.7) zu beschreiben.

Zu 13.1   Isolationsprüfung

Der erste Absatz gilt nur für kleine Ausrüstungen, bei denen kein Steuerspannungstransformator (siehe Abschnitt 6.1.1) eingebaut ist **(Bild 13.1 a)**. Auch im Normalfall mit Transformator könnte eine Verbindung zwischen Hauptstromkreis und Hilfsnetz über die meist als Schutz gegen unbeabsichtigten Anlauf (siehe Abschnitt 6.2.2) vorhandene Erdung des Hilfsnetzes bestehen. Diese Verbindung und gegebenenfalls auch die Verbindung zum N-Leiter des Versorgungsnetzes sind vor Durchführung der Isolationsprüfung zu öffnen, so daß dann die drei getrennten Messungen vorgenommen werden können **(Bild 13.1 b)**.
Bei den jeweiligen Messungen ist darauf zu achten, daß auch wirklich alle aktiven Leiter (auch gegebenenfalls vorhandener N-Leiter) der gesamten Ausrüstung erfaßt werden. Da die Innenwiderstände der Betriebsmittel meist sehr klein gegen den vorgeschriebenen Isolationswiderstand sind, brauchen auf Durchgang geprüfte Verbraucher nur einpolig mit der Prüfspannung verbunden zu werden.
Andererseits müßten bei konventionellen Steuerungen die zwischen Schließern abgetrennten Schaltungsabschnitte durch provisorische Brücken mit erfaßt werden. Die Mehrzahl dieser Leiter liegt aber innerhalb von Schaltschränken und ist bereits durch die nach DIN VDE 0660 Teil 500 vorgeschriebenen Prüfungen abgedeckt.
Es reicht demnach die Verbindung der über Anschlußklemmen oder -stecker aus den Schränken herausgeführten Leitungen.
Bei größeren elektrischen Ausrüstungen können Einzelprüfungen an jedem

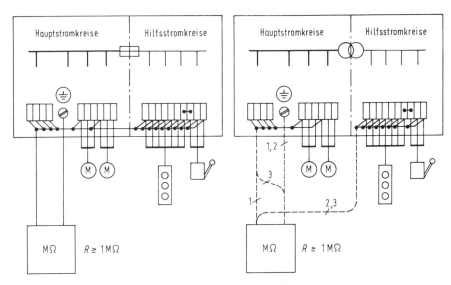

Bild 13.1 a.
Isolationsprüfung; Maschine ohne
Steuerspannungstransformator
1 Messung

Bild 13.1 b.
Isolationsprüfung; Maschine mit
Steuerspannungstransformator
3 Messungen

Teilbereich anstelle einer Gesamtprüfung durchgeführt werden; damit soll einerseits eine gewisse Überschaubarkeit erhalten bleiben, z.B. durch Beschränkung auf einzelne Schränke oder Maschinenabschnitte, andererseits die Gefahr eines zu niedrig gemessenen Isolationswiderstandes trotz einwandfreier Ausrüstung vermieden werden. Die Lokalisierung eines eventuell vorhandenen Fehlers wird somit einfacher.

Die Steuer- und Meldestromkreise mit elektronischen Betriebsmitteln sind während der Prüfung der übrigen Stromkreise mit dem Schutzleitersystem zu verbinden, also praktisch kurzzuschließen. Erst wenn auf diesem Wege ohne Gefährdung der Elektronik ihr Isolationswert gegen die »heißeren« Netze nachgeprüft ist, darf man diese Kreise vom Schutzleitersystem und den Betriebserdern (z.B. Mittelleiter-Erde, Bezugspotential-Erde) abtrennen und nun ihren Isolationswert gegen Erde feststellen, gemäß DIN VDE 0160 mit mindestens 100 V Gleichspannung. Diese Spannung darf aber nicht schlagartig aufgeschaltet werden, um die Elektronik nicht zu gefährden.

Zu 13.2 Spannungsprüfung

Diese Prüfung ist die gefährlichste überhaupt. Schon bei der (obligatorischen) Prüfung der Hauptstromkreise ist daher größte Sorgfalt darauf zu verwenden, daß wirklich alle Bauelemente und Betriebsmittel vor der Prüfung abgeklemmt werden, die nicht für so hohe Prüfspannungen ausgelegt sind; dazu gehören nicht nur Gleichrichter, Kondensatoren und elektronische Geräte, sondern auch Motoren unter 1 kW Nennleistung. Wie schon bei der Isolationsmessung darf die volle Prüfspannung nicht schlagartig aufgeschaltet werden, sondern nur die halbe, anschließend ist innerhalb von 10 s stetig oder wenigstens feinstufig (z.B. in zehn Stufen) auf die volle Prüfspannung hochzufahren.

Die Spannungsprüfung nicht mit den Hauptstromkreisen verbundener Steuer- und Meldestromkreise ist nicht obligatorisch; wenn sie nicht ausdrücklich vom Betreiber der Anlage verlangt wird, sollte man wegen der Umständlichkeit des Heraussuchens und Abklemmens der gefährdeten Geräte darauf verzichten. Elektronische Stromkreise unter 50 V Nennspannung dürfen auf keinen Fall einer Spannungsprüfung unterzogen werden.

Die angegebene Mindestnennleistung des Prüftransformators verfolgt zwei Ziele:
– Übereinstimmung der Prüfspannung mit der Anzeige des häufig auf der Niederspannungsseite angeschlossenen Voltmeters.
– Isolationsfehler führen zu sicht- und hörbaren Über- bzw. Durchschlägen mit bleibenden Spuren.

Zu 13.3   Prüfung des Schutzleitersystems

Wenn eine Messung erforderlich ist, so sind die unter Abschnitt 5.1.2.1.8 aufgeführten Ausnahmen zu beachten. Außerdem ist klar, daß nicht alle Maschinenteile abgetastet werden müssen, sondern nur solche, die mit elektrischen Einrichtungen bestückt sind. Dabei ist auf solide Kontaktierung an den Meßpunkten zu achten und besonders bei räumlich getrennter Schrankaufstellung der Widerstand der Meßleitungen zu berücksichtigen **(Bild 13.3)**.

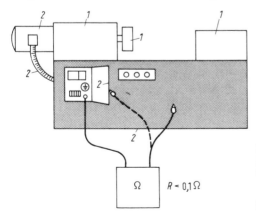

Bild 13.3.
Messung des Widerstandes im Schutzleitersystem

1 Messung hier nicht notwendig
2 Meßpunkte

135

Zu 13.4 Funktionsprüfungen

Die Funktionsprüfungen sind aufgeteilt in eine als Stückprüfung für alle Maschinen vorgeschriebene Prüfung im Leerlauf (Abschnitt 13.4.1), bei der im wesentlichen die logische Funktion der Maschinensteuerung einschließlich interner Verriegelungen und Abläufe nachgewiesen werden muß, und einen als Typprüfung vorgesehenen Belastungstest (Abschnitt 13.4.2), bei dem hauptsächlich die ausreichende Dimensionierung der Betriebsmittel und die Wärmeabfuhr überprüft wird. In beiden Fällen ist besonderes Augenmerk auf die einwandfreie Funktion der Sicherheitsstromkreise und -einrichtungen, insbesondere des Not-Aus, zu richten. Bei der Leerlaufprüfung ist auch die einwandfreie Funktion der Maschine an den vorgegebenen Toleranzgrenzen der Versorgungsspannung nachzuweisen.

Zu 14   Fragebogen

Das Beilegen eines korrekt ausgefüllten Fragebogens zur Anfrage bzw. zum Auftrag ermöglicht eine rationelle und schnelle Bearbeitung ohne umständliche Rückfragen und schränkt die Möglichkeiten von Mißverständnissen ein.

Zu ANHANG A

Fragebogen für die elektrische Ausrüstung von Industriemaschinen
Gegenüber dem alten Fragebogen wurde der Vorspann um den Namen des Betreibers erweitert.
Der Text zu den einzelnen Fragen wurde wesentlich ausführlicher gehalten und bei verschiedenen Fragen so formuliert, daß im Normalfall keine Antwort eingetragen werden muß. Nur bei Abweichungen müssen solche Fragen (falls..., wenn...) beantwortet werden.
Frage 1 ist neu dazugekommen und nur dann mit »Ja« zu beantworten, wenn **alle** zusätzlichen Anforderungen en bloc erfüllt werden sollen. Einzelne Sonderwünsche sind gegebenenfalls unter Frage 32 aufzulisten.
Die Fragen 2, 4, 6, 9, 10, 11, 14, 15, 16, 18, 19, 21, 22, 23, 25, 27, 29, 30, 31 waren sinngemäß auch schon im alten Fragebogen enthalten und in der Mehrzahl so ausreichend klar formuliert, daß kein Kommentar erforderlich ist.
Frage 3: Die Frage ist wörtlich übersetzt und basiert letztlich auf den höheren Anforderungen, die in Richtlinien für Elektronik (z. B. DIN VDE 0160) festgeschrieben sind. Da die Elektronik bereits jetzt Bestandteil der meisten Maschinenausrüstungen ist und ihre Anwendung weiter zunehmende Tendenz aufweist, sollte man Aufstellungshöhen über 1000 m grundsätzlich angeben.
Frage 7: Da in absehbarer Zeit allgemein geringere Frequenzabweichungen zu erwarten sind und diese auch ihren Niederschlag in schärferen allgemeinen normativen Anforderungen finden werden, sollte man bereits Abweichungen über $\pm$ 1 % angeben.
Frage 8: Hier ist nicht nur an Änderungen der Stromversorgung am geplanten Aufstellungsplatz zu denken, sondern auch an eine spätere Umsetzung der Maschine an einen Aufstellungsort mit anderer Stromversorgung.
Frage 10: TN-Netz: Die Definition ist eine wörtliche Übersetzung des englischen Textes; genauer wäre:..., wobei die Körper der Betriebsmittel über Schutzleiter PE bzw. PEN mit diesem Punkt verbunden sind. Dazu gehören in Deutschland alle 380/220-V-Netze mit geerdetem Neutralleiter (früher Mp).
Man unterscheidet drei Arten:
● TN-S mit überall getrenntem Neutral- und Schutzleiter
● TN-C mit überall zusammengefaßtem Neutral- und Schutzleiter (PEN)
● TN-C-S mit nur in Teilen zusammengefaßtem Neutral- und Schutzleiter (PEN)

TT-Netz genauer: Netz mit einem direkt geerdeten Punkt (Betriebserder), bei dem die Körper der Betriebsmittel mit vom Betriebserder getrennten Erdern verbunden sind (DIN VDE 0100 Teil 300).

Frage 11: Alte Bezeichnung des Neutralleiters war Mp.

Fragen 12 bis 15: Die Antworten sind gegebenenfalls beim örtlichen Energieversorgungsunternehmen zu erfragen.

Frage 17: Gemeint ist Erfassung der Überlastung z. B. in nur einer Phase des Motors.

Frage 18: Dabei sollte bedacht werden, daß von netzgeführten Stromrichtern gespeiste Gleichstrommotoren ihren geregelten Normalbetrieb erst nach einer weiteren Verzögerungszeit erreichen können.

Frage 20: Da eine Isolationsüberwachungseinrichtung in diesem Fall zwingend vorgeschrieben ist, richtet sich die Frage nach der gewünschten Reaktion: Meldung oder automatische Abschaltung bzw. Meldung mit (gegebenenfalls von Bedingungen abhängig) verzögerter Abschaltung.

Frage 25: z. B. getrennte Anschlußklemmen im Unterteil des Schrankes, Anschluß von Aluminiumkabeln.

Frage 26: Elektrofachkräfte müssen nach DIN VDE 0105 Teil 1 aufgrund ihrer fachlichen Ausbildung, Kenntnisse und Erfahrungen sowie Kenntnis der einschlägigen Normen die ihnen übertragenen Arbeiten beurteilen und mögliche Gefahren erkennen können.

Elektrotechnisch unterwiesene Personen müssen durch eine Elektrofachkraft über die ihr übertragenen Aufgaben und die möglichen Gefahren bei unsachgemäßem Verhalten unterrichtet, erforderlichenfalls angelernt und über die notwendigen Schutzeinrichtungen und Schutzmaßnahmen belehrt worden sein.

Von der diesbezüglichen Qualifikation des Bedienungspersonals hängen die Maßnahmen zum Schutz gegen direktes Berühren (Abschnitt 5.1.1) ab.

Frage 28: 0,2 s sollte man nur vorschreiben, wenn die Tätigkeit der Bedienungsperson eine hohe Reaktionsgeschwindigkeit oder kurz aufeinanderfolgende abwechselnde Aktivitäten beider Hände erfordert.

Frage 29: z. B. durch vorgegebene Deckendurchbrüche, winkelige Gänge.

Zu ANHANG B

Strombelastbarkeit und Kurzschlußschutz PVC-isolierter Leitungen

Dieser Anhang ist in seinem wesentlichen Inhalt bereits 1981 als Deutsche Norm veröffentlich worden, nachdem CENELEC die diesbezügliche IEC-Publikation 204-1B zum Harmonisierungsdokument erklärt hatte.

Zu B 1.1   Art der Isolation

Neu ist der Hinweis auf andere Isolierstoffe, wie sie unter besonderen thermischen oder chemischen Bedingungen gemäß Abschnitt 9.2 verwendet werden müssen.
Leitungen mit solchen Isolierstoffen sind in IEC-Publikation 364-5-523 (1983) erfaßt. Die zuständige Deutsche Norm ist noch in Vorbereitung. Ursprünglich sollte es DIN VDE 0100 Teil 523 A2 werden (siehe Beiblatt 2 zu DIN VDE 0100/11.84). Aus Gründen der Übersichtlichkeit des Normenwerkes hat sich die DKE aber entschlossen, daraus DIN VDE 0298 Teil 4 zu machen (Entwurf Mai 1985).

Zu B 1.2   Temperaturen und Umgebungstemperatur

Der kritische Punkt dieses Abschnittes ist die vorherige Abschätzung der »Betriebstemperatur« (Abschnitt 1.2.2), die sich als Umgebungstemperatur für Leitungen bzw. Leitungskanäle nach ausreichend langem Dauerbetrieb der Maschine einstellt und die meist nicht gleich der Temperatur des Aufstellungsraumes sein wird, die der Betreiber der Anlage üblicherweise im Auftrag festlegt. Ein Rechengang für die Ermittlung der Temperatur in geschlossenen Gehäusen ist im Anhang R von DIN VDE 0660 Teil 500 (Schaltgeräte, Niederspannungs-Schaltgerätekombinationen) angegeben.
Diese »Betriebstemperatur« (ungenaue Übersetzung des an dieser Stelle von CENELEC wörtlich übernommenen IEC-Originaltextes) darf nicht mit der korrekt übersetzten »Betriebstemperatur« in B 1.3.1 verwechselt werden.
Die vorherige Abschätzung der Umgebungstemperatur für Leitungen und Leitungskanäle an der Maschine selbst empfiehlt sich auf der Basis von Kontrollmessungen an geometrisch und leistungsmäßig ähnlichen Maschinen. Dabei ist die Aufnahme des Temperaturverlaufes über einen längeren Zeitraum zweckmäßig, um die Endtemperatur zu ermitteln.
Die TABELLE B I entspricht in etwa der Tabelle 3 von DIN VDE 0100 Teil 523/ 06.81. In dieser Tabelle sind auch Reduktionswerte für Gummiisolierung mit 60 °C zulässiger Leitertemperatur angegeben. Die Tabelle 4 dieser Norm

zeigt die Verringerung der Strombelastbarkeit von Leitungen mit erhöhter Wärmebeständigkeit bei Temperaturen über 55 °C.

Zu B 1.3   Strombelastbarkeit vollbelasteter Leitungen

Die neue Vorschrift wurde gegenüber DIN 57 113/VDE 0113/12.73 und auch der IEC-Publikation 204 um den Hinweis auf Sonderfälle und enge Räume erweitert; der angeführten IEC-Publikation äquivalente Belastungstabellen für Kabel sind in DIN VDE 0298 Teil 2 zu finden. Die entsprechenden Werte speziell nur für Leitungen werden in Kürze als Teil 4 dieser Norm herausgegeben.

Unter »profilierten Leitern« sind Leiter mit kreissektorförmigem Querschnitt zu verstehen. Die gegenüber Rundleitern dabei verringerte kühlende Oberfläche führt zur Verringerung der Belastbarkeit.

Zu B 2   Kurzschlußschutz von Leitungen

Zu B 2.1

Die Formulierung wurde gegenüber DIN 57 113 A2/VDE 0113 A2/03.81 verbessert, um die Fehlinterpretation auszuschließen, daß immer mit einer Einwirkungszeit des Kurzschlußstromes von 5 s gerechnet werden müsse. Tatsächlich ist nur die dem errechneten Kurzschlußstrom entsprechende Auslösezeit des Schaltgerätes maßgebend; sie darf nur bei Querschnitten über 50 mm² 5 s betragen. Anstelle der Anmerkung in DIN 57 113/VDE 0113/ 12.73 steht nun ein Verweis auf Abschnitt 5.2.2, in dem der Schutz des Neutralleiters genauer definiert wird.

Zu B 2.2

Die angegebene Formel für die größte zulässige Auslösezeit sowie die Tabellenwerte in Spalte 3 der TABELLE B III gelten nur für Kupferleiter mit normaler PVC-Isolierung. Anstelle von 115 ist bei gummiisolierten Kupferleitern 135 einzusetzen, bei PVC-isolierten Aluminiumleitern 74, bei gummiisolierten 83.

Zu B 2.3

Einen guten Anhaltspunkt für die Zusammenhänge in 220-V-Kreisen geben die Nomogramme zur Ermittlung der höchstzulässigen Leitungslängen in DIN VDE 0100 Teil 430 für Leiterquerschnitte von 1 mm² bis 16 mm².

Der physikalische Sachverhalt ist dabei folgender: Die Schmelzleiter von Sicherungen haben, bezogen auf ihren ohmschen Widerstand, ein geringeres Wärmespeichervolumen als die geschützten Leiter. Daher erwärmt sich die Leiteroberfläche im Kurzschlußfall um so weniger, je höher der Kurzschlußstrom ist; die 100-A-Sicherung schützt gemäß TABELLE B III einen Querschnitt von 10 mm^2 noch einwandfrei bei Kurzschlußströmen über 1000 A; ganz offensichtlich könnte sie das nicht mehr, wenn der Kurzschlußstrom durch Transformatorimpedanz und Leitungswiderstand auf 100 A begrenzt wäre; in solchen Fällen wird man eben kleinere Sicherungen anhand ihrer Kennlinie auswählen oder – einfacher, aber teurer – passende Leistungsschalter einsetzen, de facto also einen Überlastungsschutz vorsehen.

Zu B 2.4

Auch in diesem Fall kann auf die rechnerische Ermittlung des tatsächlichen Kurzschlußstromes nicht verzichtet werden.

Zu B 2.5

Bei TABELLE B III wurde die Übersetzung etwas klarer gefaßt, insbesondere die Überschrift zur Tabelle an die richtige Stelle gesetzt.
Nach heutigem Stand sind in Deutschland lediglich Sicherungen der Betriebsklasse gL zu allen Querschnitten passend erhältlich und in DIN VDE 0636 Teile 21 und 31 genormt (Bemessung wie bei gl der Tabelle).
Sicherungen der Betriebsklasse aM (Schaltgeräteschutz) sind in Deutschland nur für Nennströme ab 35 A genormt (DIN VDE 0636 Teil 22).

Zu Anhang C

Gegenüberstellung genormter Leiterquerschnitte

Die Tabelle erleichtert die Bearbeitung von Aufträgen aus den angelsächsischen Ländern bzw. dem englischen Sprachraum.

Zu Anhang D

Kennzeichnung der elektrischen Ausrüstung von Industriemaschinen

Diese wird in Deutschland nach DIN 40 719 Teil 2 vorgenommen, die sich letztlich auf IEC-Publikation 113-2 (inzwischen ersetzt durch IEC-Publikation 750) abstützt. Wesentlicher Unterschied zur IEC-Publikation 204-2 ist die von der Deutschen Norm nicht vorgesehene Kennzeichnung der Art des Betriebsmittels mit Doppelbuchstaben.

Literatur

[5.1] Kraftbetriebene Arbeitsmittel (VBG 5) vom 1. Okt. 1985. Hauptverband der gewerblichen Berufsgenossenschaften. Köln: Carl Heymanns-Verlag KG

[5.2] DIN EN 81 Teil 1/05.78: Sicherheitsregeln für die Konstruktion und den Einbau von Personen- und Lastenaufzügen sowie Kleingüteraufzügen; Teil 1: Elektrische betriebene Aufzüge. Berlin & Köln: Beuth Verlag, 2. Ausgabe 1985

[5.3] Entwurf. DIN VDE 0116 A1/03.87: Elektrische Ausrüstung von Feuerungsanlagen

[6.1] Allgemeine hydraulische und pneumatische Anforderungen Anhang 2 zum Prüfgrundsatz für Metall- Be- und Verarbeitungsmaschinen
Zentralstelle für Unfallverhütung und Arbeitsmedizin des Hauptverbandes der gewerblichen Berufsgenossenschaften. Köln: Carl Heymanns-Verlag KG, Ausgabe 04.82

[6.2] Sicherheitsregeln für Zweihandschaltungen an kraftbetriebenen Pressen der Metallbearbeitung
Richtlinien ZH 1/456 (02.78) des Hauptverbandes der gewerblichen Berufsgenossenschaften. Köln: Carl Heymanns-Verlag KG

[8.1] Grundsätze für die Prüfung von berührungslos wirkenden Positionsschaltern mit Personen-Schutzfunktion
Jan. 84, Berufsgenossenschaft Feinmechanik + Elektrotechnik, Köln
Hauptverband der gewerblichen Berufsgenossenschaften e. V. Köln: Carl Heymanns-Verlag KG

Gesetze, Verordnungen

Gesetz über technische Arbeitsmittel (Gerätesicherheitsgesetz, GSG)
Verordnung über elektrische Anlagen in explosionsgefährdeten Räumen (ElexV)
Explosionsschutz – Richtlinien (EX-RL)
Bergverordnung über die allgemeine Zulassung schlagwettergeschützter und explosionsgeschützter elektrischer Betriebsmittel (Elektrozulassungs-Bergverordnung – ElZulBergV)
Verordnung über gefährliche Stoffe (Gefahrstoffverordnung – Gef.StoffV)
Technische Regeln für gefährliche Arbeitsstoffe – TRGS 900 (MAK-Werte-Liste)

Die aufgeführten Rechtsverordnungen können bezogen werden vom
Carl Heymanns-Verlag KG, Köln.

Unfallverhütungsvorschriften

VBG 1   Allgemeine Vorschriften
VBG 4   Elektrische Anlagen und Betriebsmittel
VBG 5   Kraftbetriebene Arbeitsmittel

Diese und die maschinenspezifischen Unfallverhütungsvorschriften sowie die im ZH-1-Verzeichnis aufgelisteten Richtlinien, Sicherheitsregeln, Prüfgrundsätze können bei den Berufsgenossenschaften oder beim Hauptverband der gewerblichen Berufsgenossenschaften, Postfach 2052, 5205 Sankt Augustin 2, angefordert werden.

DIN-Normen, VDE-Bestimmungen, VDI-Richtlinien

DIN 19235/03.85	Messen, Steuern, Regeln; Meldung von Betriebszuständen
DIN 30600/11.85	Graphische Symbole; Registrierung, Bezeichnung
DIN 31001 Teil 1/04.83	Sicherheitsgerechtes Gestalten technischer Erzeugnisse; Schutzeinrichtungen; Begriffe, Sicherabstände für Erwachsene und Kinder
DIN 31005/04.85	Sicherheitsgerechtes Gestalten technischer Erzeugnisse; Verriegelungen, Kopplungen
DIN 31051/01.85	Instandhaltung; Begriffe und Maßnahmen
DIN 33401/07.77	Stellteile; Begriffe, Eignung, Gestaltungshinweise
DIN 40050/07.80	IP Schutzarten; Berührungs-, Fremdkörper- und Wasserschutz für elektrische Betriebsmittel
DIN 40100 Teil 1/01.86	Bildzeichen der Elektrotechnik; Grundlagen
DIN 43602/07.75	Betätigungssinn und Anordnung von Bedienteilen
DIN 46320 Teil 1/09.85	Verschraubungen für Kabel und Leitungen; Allgemeine Anwendung; Maße, Einbau
DIN 49400/08.73	Installationsmaterial; Wand-, Geräte- und Kragensteckvorrichtungen; Übersicht
DIN 40900 (Reihe der Normen)	Schaltzeichen

150

DIN 49710/06.83	IEC-Lampensockel; Lampensockel BA7
DIN 49715/12.86	IEC-Lampensockel; Lampensockel BA9s
DIN 55003 Teil 3/08.81	Werkzeugmaschinen; Bildzeichen; Numerisch gesteuerte Werkzeugmaschinen
DIN VDE 0100 Teil 410/11.83	Errichten von Starkstromanlagen mit Nennspannungen bis 1000 V – Schutzmaßnahmen; Schutz gegen gefährliche Körperströme
DIN VDE 0100 Teil 430/06.81	– Schutz von Leitungen und Kabeln gegen zu hohe Erwärmung
DIN VDE 0100 Teil 523/06.81	– Bemessung von Leitungen und Kabeln; Mechanische Festigkeit, Spannungsabfall und Strombelastbarkeit
DIN VDE 0100 Teil 729/11.86	– Aufstellen und Anschließen von Schaltanlagen und Verteilern
DIN VDE 0100 Teil 737/02.86	– Feuchte und nasse Bereiche und Räume; Anlagen im Freien
DIN VDE 0105 Teil 1/07.83	Betrieb von Starkstromanlagen – Allgemeine Festlegungen
DIN VDE 0106 Teil 1/05.82	Schutz gegen elektrischen Schlag – Klassifizierung von elektrischen und elektronischen Betriebsmitteln
DIN VDE 0106 Teil 100/03.83	Anordnung von Betätigungselementen in der Nähe berührungsgefährlicher Teile
DIN VDE 0106 Teil 101/11.86	Grundanforderungen für die sichere Trennung in elektrischen Betriebsmitteln
DIN VDE 0110/11.72	Bestimmungen für die Bemessung der Luft- und Kriechstrecken elektrischer Betriebsmittel
DIN VDE 0114/09.80	Elektrische Ausrüstung von Industrienähmaschinen
DIN VDE 0116/03.79	Elektrische Ausrüstung von Feuerungsanlagen
DIN VDE 0160/01.86	Ausrüstung von Starkstromanlagen mit elektronischen Betriebsmitteln
DIN VDE 0165/09.83	Errichten elektrischer Anlagen in explosionsgefährdeten Bereichen
DIN VDE 0170/02.61 DIN VDE 0171/02.61	Vorschriften für schlagwetter- und explosionsgeschützte elektrische Betriebsmittel
DIN IEC 73/VDE 0199/02.78	Kennfarben für Leuchtmelder und Druckknöpfe
DIN VDE 0295/05.86	Leiter für Kabel und isolierte Leitungen für Starkstromanlagen
DIN VDE 0298 Teil 3/08.83	Verwendung von Kabeln und isolierten Leitungen für Starkstromanlagen – Allgemeines für Leitungen

DIN VDE 0530 Teil 1/12.84	Umlaufende elektrische Maschinen – Nennbetrieb und Kenndaten
DIN VDE 0550 Teil 3/12.69	Bestimmungen für Kleintransformatoren – Besondere Bestimmungen für Trenn- und Steuertransformatoren sowie Netzanschluß- und Isoliertransformatoren über 1000 V
DIN VDE 0551/05.72	Bestimmungen für Sicherheitstransformatoren
DIN VDE 0580/10.70	Bestimmungen für elektromagnetische Geräte
DIN VDE 0660 Teil 101/09.82	Schaltgeräte – Leistungsschalter
DIN VDE 0660 Teil 102/09.82	– Schütze
DIN VDE 0660 Teil 104/09.82	– Niederspannungs-Motorstarter; Wechselstrom-Motorstarter bis 1000 V zum direkten Einschalten (unter voller Spannung)
DIN VDE 0660 Teil 106/09.82	– Niederspannungs-Wechselstrom-Motorstarter; Stern-Dreieck-Starter
DIN VDE 0660 Teil 107/09.82	Schaltgeräte – Lastschalter, Trenner, Lasttrenner und Schalter-Sicherungs-Einheiten
DIN VDE 0660 Teil 200/09.82	– Hilfsstromschalter; Allgemeine Anforderungen
DIN VDE 0660 Teil 205/09.82	– Hilfsstromschalter; Zusatzbestimmungen für Leuchtmelder
DIN VDE 0660 Teil 206/10.86	– Hilfsstromschalter; Zusatzbestimmung für zwangsöffnende Positionsschalter für Sicherheitsfunktionen
DIN VDE 0660 Teil 207/10.86	– Hilfsstromschalter; Zusatzbestimmung für NOT-AUS-Befehlsgeräte
DIN VDE 0660 Teil 208/08.86	– Hilfsstromschalter; Zusatzbestimmung für induktive Näherungsschalter
DIN VDE 0660 Teil 209/03.86 Entwurf	– Zusatzbestimmung für berührungsloswirkende Positionsschalter für Sicherheitsfunktionen
DIN VDE 0660 Teil 500/11.84	– Niederspannung-Schaltgerätekombinationen
DIN VDE 0740 Teil 1/04.81	Handgeführte Elektrowerkzeuge – Allgemeine Bestimmungen
VDI 2853/07.87	Sicherheitstechnische Anforderungen an Bau, Ausrüstung und Betrieb von Industrierobotern
VDI 3229/05.67	Technische Ausführungsrichtlinien für Werkzeugmaschinen und andere Fertigungsmittel; P-Pneumatische Ausrüstung
VDI 3230/05.67	Technische Ausführungsrichtlinien für Werkzeugmaschinen und andere Fertigungsmittel; H-Hydraulische Ausrüstung

VDI 3231/11.74 Technische Ausführungsrichtlinien für Werkzeugmaschinen und andere Fertigungsmittel; E-Elektrische
Ausrüstung für automatische Fertigungseinrichtungen

Hinweis:
Alle VDE-Bestimmungen und -Leitlinien, d. h. alle VDE 0... und alle DIN VDE 0... können
einzeln oder im Abonnement vom vde-verlag gmbh in Berlin und Offenbach bezogen
werden, einzeln sind sie, wie auch die übrigen Normen und die VDI-Richtlinien beim
Beuth Verlag GmbH in Berlin zu erhalten.

Stichwortverzeichnis

Dieses Stichwortverzeichnis weist auf die Abschnittsnummern hin. Es kann daher sowohl für diese Erläuterungen als auch für die Norm benutzt werden. (Bei in Klammern stehenden Begriffen ist der Begriff in der Norm nicht wörtlich, aber inhaltlich verwendet.)

157

VDE-Schriftenreihe

Die Fachbände der VDE-Schriftenreihe sind Kommentar und Erläuterung zu einer Vielzahl von VDE-Bestimmungen. Speziell für den Praktiker ist diese Reihe ein wichtiges Instrument zum Verständnis und zur einwandfreien Anwendung der VDE-Bestimmungen. Es wird besonderer Wert auf eine praxisnahe Behandlung des jeweiligen Themenkreises gelegt.

Zur Zeit sind folgende Bände lieferbar:

Band 1: Sachverzeichnis zum VDE-Vorschriftenwerk. Bestell-Nr. 400201 — 24,50 DM

Band 6: Erläuterungen zu den Bestimmungen für Antennenanlagen; VDE 0855 mit Berechnungsbeispielen. Bestell-Nr. 400206 — 19,80 DM

Band 9: Schutzmaßnahmen gegen gefährliche Körperströme nach DIN 57100/VDE0100 Teil 410 und 540. Bestell-Nr. 400209 — 22,10 DM

Band 10: Erläuterungen zu den VDE-Bestimmungen für umlaufende Maschinen, DIN 57530/VDE 0530. Bestell-Nr. 400210 — 28,70 DM

Band 12: Erläuterungen zur VDE-Bestimmung für Leuchten mit Betriebsspannungen unter 1000V und deren Installation. VDE 0710 Teil 1 bis 15. Bestell-Nr. 400212 — 25,00 DM

Band 13: Betrieb von Starkstromanlagen – Allgemeine Festlegungen – Erläuterungen zu DIN VDE 0105 Teil 1/7.83. Bestell-Nr. 400213 — 24,80 DM

Band 16: Erläuterungen zur VDE-Bestimmung für die Funk-Entstörung von elektrischen Betriebsmitteln und Anlagen. DIN 57875/VDE 0875/6.77 zu den entsprechenden Rechtsvorschriften der Deutschen Bundespost. Bestell-Nr. 400216 — 19,80 DM

Band 23: Jährlich erscheinendes Verzeichnis der VDE-Prüfstelle. VDE-Zeichen; VDE-Kennfäden; VDE-Kabelkennzeichen; VDE-GS-Zeichen; Harmonisierungskennzeichnung für Kabel und Leitungen; Funkschutzzeichen; Elektronik-Prüfzeichen; Gutachten mit Fertigungsüberwachung, Stand jeweils vom 1. März des Jahres. Bestell-Nr. 400223 — 68,60 DM

Band 24: Firmenzeichen an elektrotechnischen Erzeugnissen mit VDE-Prüfzeichen. Bestell-Nr. 400224 — 35,00 DM

Band 28: Einführung in DIN VDE 0660 Teil 500 Schaltgeräte Niederspannung-Schaltgerätekombinationen. Bestell-Nr. 400228 — 54,00 DM

Band 29: Lexikon der Kurzzeichen für Kabel und isolierte Leitungen nach VDE, Cenetec und IEC. Deutsch und Englisch. Bestell-Nr. 400229 — 32,00 DM

Band 32: Bemessung und Schutz von Leitungen und Kabeln nach DIN 57100/VDE 0100 Teil 430 und Teil 523. Bestell-Nr. 400232 — 18,50 DM

Band 33: Internationales Register von Firmenkennfäden und Firmenkennzeichen für Kabel und isolierte Leitungen. Bestell-Nr. 400233 — 67,00 DM

Band 34: Mechanismus der Gewitter und Blitze. Bestell-Nr. 400234 — 20,00 DM

Band 35: Potentialausgleich, Fundamenterder, Korrosionsgefährdung DIN VDE 0100/DIN VDE 0190. Bestell-Nr. 400235 — 29,50 DM

Band 36: Prüfung der Schutzmaßnahmen in Starkstromanlagen in Haushalt, Gewerbe und Landwirtschaft. Bestell-Nr. 400236 — 26,80 DM

Band 38: Erläuterungen zur VDE-Bestimmung für den Schutz von Fernmeldeanlagen gegen Überspannungen. DIN 57845/VDE 0845/4.76. Bestell-Nr. 400238 — 19,80 DM

Band 39: Einführung in DIN 57100/VDE 0100, Errichten von Starkstromanlagen bis 1000 V. Bestell-Nr. 400239 — 30,80 DM

Band 40: Lexikon der Elektrotechnik – Definitionen des VDE-Vorschriftenwerks. Bestell-Nr. 400240 — 54,60 DM

Band 41: Lexikon der Nachrichtentechnik – Definition der Begriffe der Nachrichtentechnik in den NTG-Empfehlungen. Bestell-Nr. 400241 — 46,50 DM

Band 44: Blitzschutzanlagen – Erläuterungen zu DIN 57185/VDE 0185/VDE 0185. Bestell-Nr. 400244 — 24,00 DM

Band 45: Elektro-Installation in Wohngebäuden. Bestell-Nr. 400245 — 28,90 DM

Band 48: Arbeitsschutz in elektrischen Anlagen. Körperschutzmittel, Schutzvorrichtungen und Geräte zum Arbeiten in elektrischen Anlagen. DIN VDE 0105, 0680, 0681, 0683. Bestell-Nr. 400248 — 26,00 DM

Band 50: Einführung in das VDE-Vorschriftenwerk. Bestell-Nr. 400250 — 45,80 DM

Band 51: Tabellen und Diagramme für die Elektrotechnik – aus dem VDE-Vorschriftenwerk ausgewählt –. Bestell-Nr. 400251 — 78,00 DM

Band 87: Jahrbuch zum VDE-Vorschriftenwerk 1987. Bestell-Nr. 400287 — 48,00 DM

vde-verlag Bismarckstraße 33, D-1000 Berlin 12